市政配套工程质量标准化
施工技术应用与实务

郑州航空港经济综合实验区（郑州新郑综合保税区）建设工程质量安全监督站　编

黄 河 水 利 出 版 社
·郑 州·

图书在版编目(CIP)数据

市政配套工程质量标准化施工技术应用与实务/ 王凌欣等主编;郑州航空港经济综合实验区(郑州新郑综合保税区)建设工程质量安全监督站编. —郑州:黄河水利出版社,2019.4

ISBN 978 – 7 – 5509 – 2337 – 9

Ⅰ.市… Ⅱ.①王…②郑… Ⅲ.①市政工程 – 工程质量 – 质量检验 – 标准化 Ⅳ.①TU990.05 – 65

中国版本图书馆 CIP 数据核字(2019)第 077819 号

组稿编辑:李洪良 电话:0371 – 66026352 E-mail:hongliang0013@163.com

出 版 社:黄河水利出版社 网址:www.yrcp.com
 地址:河南省郑州市顺河路黄委会综合楼 14 层 邮政编码:450003
发行单位:黄河水利出版社
 发行部电话:0371 – 66026940、66020550、66028024、66022620(传真)
 E-mail:hhslcbs@126.com
承印单位:河南瑞之光印刷股份有限公司
开本:890 mm × 1 240 mm 1/16
印张:10.5
字数:289 千字 印数:1—1 000
版次:2019 年 4 月第 1 版 印次:2019 年 4 月第 1 次印刷

定价:200.00 元

前　言

为提高市政基础设施工程施工生产标准化、规范化管理水平，充分发挥工程质量的基础保障作用，促进市政配套工程又好又快的发展，特编制了市政配套工程质量标准化施工技术应用与实务。

在本应用与实务编制过程中，编写组根据市政配套工程施工特点，认真总结和研讨了施工技术的实践经验，充分征求了有关参建单位的意见，依据国家现行的相关规范标准、施工过程控制要点、验收要点及实验区的创新点，并邀请了有关部门的专家进行函审，在此基础上形成了初稿。

本应用与实务适用于新建、改建、扩建的市政配套工程，共 5 章，涵盖电力工程、给水工程、燃气工程、热力工程和通信工程等内容。内容图文并茂，浅显易懂，具有很强的实践指导意义。

本应用与实务力求理论联系实际，但由于编者水平有限，编写时间仓促，不足之处在所难免，希望广大读者批评指正。本次印刷为试用版，希望读者在使用过程中多提宝贵意见，使本应用与实务在实践中进一步更新与完善。

吴江涛

2018 年 10 月

《市政配套工程质量标准化施工技术应用与实务》
参编人员及参编单位

主　　编：王凌欣　赵金良　马学明　董晓云　常守志

副 主 编：张宗杰　袁 伟　薛春林　石建增　马成立

　　　　　张建宇　李 霞　李燕飞　管 诚　范志军

　　　　　刘志庆　王学军　王书定

参　　编：（按姓氏音序排列）

曹新建　常青山　程会峰　崔小强　丁 凯

窦维军　段和平　樊瑞钊　冯鹏鹏　龚明辉

郭卫华　韩 冰　胡文科　李 哲　梁卫东

刘 杰　刘 乾　刘全威　罗 伟　罗文明

曲小欢　史亮生　苏松坡　田文星　王词重

王亮亮　王少昌　王 伟　王文龙　王永涛

王远培　魏茹涛　魏山锋　杨玉亮　叶宜备

于建光　袁 鹰　张 群　张晓密　张 岩

赵亚辉　钟德辉　钟强义

参编单位：中国建筑第七工程局有限公司

中国水利水电第五工程局有限公司

中国水利水电第十一工程局有限公司

中国中铁七局集团有限公司

郑州航空港兴港燃气有限公司

郑州航空港水务发展有限公司

河南省建筑工程质量检验测试中心站有限公司

河南鑫港工程检测有限公司

河南砥柱工程检测有限公司

目　录

第 1 章　电力工程

1.1　电力排管土建工程

1.1.1　质量控制流程图

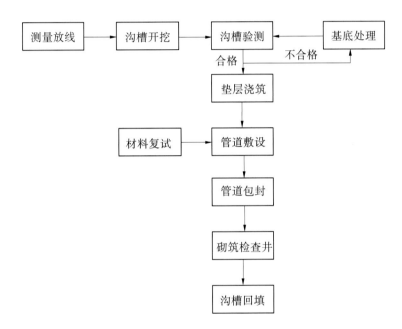

图 1.1.1-1　电力排管土建工程质量控制流程

1.1.2　原材控制

1.1.2.1　管材进场验收

（1）管材验收主要采取目测及尺量等方法，验收的主要内容包括合格证，质量证明书，厂家检测报告、资质，管材外观、尺寸等。

（2）管材复检应符合《电力电缆用导管技术条件　第 3 部分：氯化聚氯乙烯及硬聚氯乙烯塑料电缆导管》（DL/T 802.3—2007）、《电力电缆用导管技术条件　第 7 部分：非开挖用改性聚丙烯塑料导管》（DL/T 802.7—2010）、《地下通信管道用塑料管　第 5 部分：梅花管》（YD/T 841.5—2016）的要求。同一批原料、同一配方和工艺情况下生产的同一规格管材为一批，每批数量不超过 60 t，检测项目为落锤冲击试验、纵向回缩率、扁平试验、维卡软化温度等。

1.1.2.2　钢筋进场验收

（1）每批钢筋进场必须具有原材质量证明书，其质量必须符合《开槽圆头木螺钉》（GB/T 99—1986）及《冷轧带肋钢筋混凝土结构技术规程》（JGJ 95—2011）等有关标准的规定。进场钢筋表面必须清洁无损伤，不得带有颗粒状或片状铁锈、裂纹、结疤、折叠、油渍和漆污等。直筋每 1 m 弯曲度≤4 mm（用凹形尺测量）。

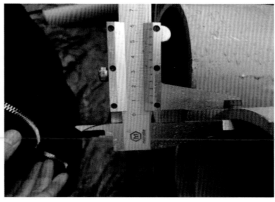

图 1.1.2-1　管道进场取样复检（进场验收）

图 1.1.2-2　管材检测报告

（2）进场热轧光圆钢筋必须符合《低碳钢热轧圆盘条》（GB/T 701—2008）和《钢筋混凝土用钢　第 1 部分：热轧光圆钢筋》（GB 1499.1—2017）的规定，进场热轧带肋钢筋必须符合《钢筋混凝土用钢　第 2 部分：热轧带肋钢筋》（GB 1499.2—2018）的规定。热轧钢筋进场时每批由同炉号、同牌号、同规格、同交货状态、同冶炼方法的钢筋≤60 t 可作为一批。需要进行的力学性能试验为拉伸试验（包括屈服点、抗拉强度和伸长率）和冷弯试验。

1.1.2.3　配件进场验收

（1）支架验收标准根据《城市电力电缆线路设计技术规定》（DL/T 5221—2016）的要求进行。①机械强度应能满足电缆及其附件荷重以及施工作业时附加荷重（一般按 1 kN 考虑）的要求，并留有足够的裕度。②金属制的电缆支架应采取防腐措施。③表面光滑，无尖角和毛刺。

（2）角钢验收标准根据《热轧型钢》（GB/T 706—2008）、《碳素钢结构》（GB/T700—2006）的要求，型钢原材同牌号、同炉批号、同等级、同品种、同尺寸、同交货状态的每 60 t 作为一批量。取样要求：非对称性型钢（如槽钢、L 型钢），在距外端点 1/3 总长的地方截取长 500 mm、宽 20 mm 的矩形试件。钢板在距外端 12.5 mm 的地方直接截取长 500 mm、宽 20 mm 的矩形试件。取一根做拉伸试验，一根做冷弯试验。

（3）漆膜防腐根据图纸要求进行热镀锌防腐处理。

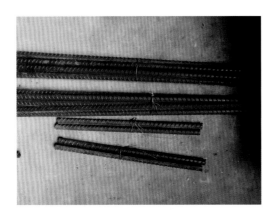
图 1.1.2-3 进场钢筋取样

图 1.1.2-4 热镀锌角钢进场

1.1.3 沟槽开挖

1.1.3.1 测量放线

按设计文件和图纸设计的位置、坐标和高程进行放线。

（1）根据设计院交桩的导线点及监理批复加密的控制点成果，用 GPS 放出管道中心线、检查井的平面位置及原地面高程。

（2）根据图纸设计沟槽开挖断面放坡坡度及测设高程计算出开挖坡顶上口两边的边线并用石灰撒出，并将管道起点、终点、转折点和检查井中心桩引至开挖范围外侧，以便开挖过程中随时进行量测，严格控制好沟槽底的平面位置及高程。

1.1.3.2 沟槽开挖

（1）槽底宽、槽深、分层开挖高度、各层边坡及层间留台宽度等应符合图纸及规范要求，同时应方便管道结构施工，确保施工质量和安全，并尽可能减少挖方和占地。设计无要求时，沟槽底部的开挖宽度可按下式计算确定：

$$B = D_0 + 2(b_1 + b_2 + b_3)$$

式中 B——管道沟槽底部的开挖宽度，mm；

D_0——管外径，mm；

b_1——管道一侧的工作面宽度，mm，可按表 1.1.3-1 选取；

b_2——有支撑要求时，管道一侧的支撑厚度，可取 150 ~ 200 mm；

b_3——现场浇筑混凝土或钢筋混凝土管渠一侧模板的厚度，mm。

图 1.1.3-1　测量放线

表 1.1.3-1

管道的外径 D_0	管道一侧的工作面宽度 b_1（化学建材管道）
$D_0 \leqslant 500$	300
$500 < D_0 \leqslant 1\,000$	400
$1\,000 < D_0 \leqslant 1\,500$	500
$1\,500 < D_0 \leqslant 3\,000$	700

注：1. 槽底需设排水沟时，b_1 应适当增加。

2. 管道有现场施工的外防水层时，b_1 宜取 800 mm。

3. 采用机械回填管道侧面时，b_1 需满足机械作业的宽度要求。

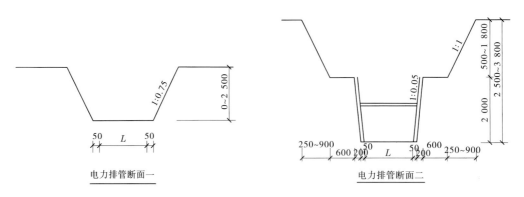

图 1.1.3-2　电力开挖沟槽示意图

（2）根据现行设计规范及图纸要求、土质、水文条件，进行分级放坡，见表 1.1.3-2。

表 1.1.3-2　深度在 5 m 以内的沟槽边坡的最陡坡度

土的类别	边坡坡度（高:宽）		
	坡顶无荷载	坡顶有静载	坡顶有动载
中密的砂土	1:1.00	1:1.25	1:1.50
中密的碎石类土（充填物为砂土）	1:0.75	1:1.00	1:1.25
硬塑的粉土	1:0.67	1:0.75	1:1.00
中密的碎石类土（充填物为黏性土）	1:0.50	1:0.67	1:0.75
硬塑的粉质黏土	1:0.33	1:0.50	1:0.67
老黄土	1:0.10	1:0.25	1:0.33
软土（经井点降水后）	1:1.25	—	—

（3）挖土采用挖掘机开挖和人工整修结合，挖掘机挖至距槽底土基标高 20~30 cm 处时，采用人工挖土、修整槽底。沟槽开挖土应集中堆放，距沟槽的距离应符合图纸规范要求。

图 1.1.3-3　电力沟槽开挖放坡

图 1.1.3-4　电力沟槽开挖分级放坡

1.1.3.3　槽底检测

沟槽底部的开挖宽度、坡度、平整度等，应符合国家现行规范及设计要求。

（1）管道沟开挖应顺直，沟底平整，沟槽开挖至设计高程后，采用夯实碾压设备夯实；沟槽开挖的高程允许偏差应符合 ±20 mm。

（2）沟槽底土基压实度检测结果不小于设计及规范要求；检查井基础地基承载力采用轻型触探仪检测，承载力应满足设计要求。

图 1.1.3-5　电力沟槽开挖宽度量测

图 1.1.3-6　槽底压实度检测

图 1.1.3-7　槽底地基承载力检测

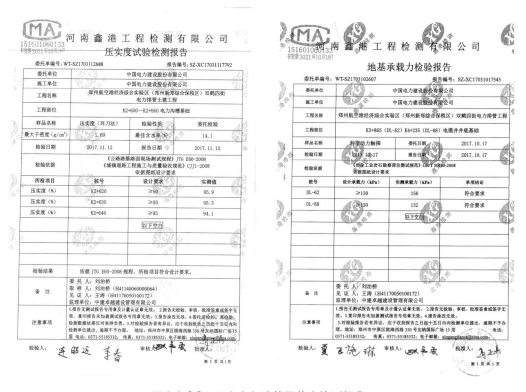

图 1.1.3-8　压实度和地基承载力检测报告

1.1.4　底板垫层浇筑

1.1.4.1　管道底板垫层为钢筋混凝土结构，垫层厚度及混凝土强度等级应符合图纸设计要求。在基层准备完毕，经监理工程师验收合格后，安装底板钢筋，钢筋的规格型号、间距、搭接长度应符合设计及规范要求，过路段钢筋需加强。

1.1.4.2　基础混凝土浇筑设置两边侧模，模板刚度、强度、稳定性应满足相关规范要求，以防止

浇筑混凝土过程中模板移动、空隙漏浆现象。模板的中心线应符合设计要求，左右偏差不应超过
±10 mm，模板高程误差不应超过 ±10 mm。

1.1.4.3　混凝土施工前应对底层进行洒水湿润，施工后及时覆盖保温保湿养护（特别是太阳直射
或大风天气及时覆盖养护）。混凝土质量应保持稳定，坍落度符合要求，无离析现象。浇筑混凝土
基础应振捣密实，外光内实，无严重缺陷。

图 1.1.4-1　垫层钢筋安装

图 1.1.4-2　垫层浇筑后养护

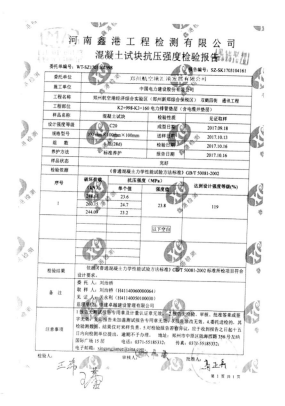

图 1.1.4-3　钢筋及混凝土强度检测报告

1.1.5　管道敷设

1.1.5.1　管道安装前对管材逐根检查，有无裂纹、弯曲质量等缺陷，对于不符合质量要求的管材
不能使用，并及时清除管内异物及毛刺。采用人工下管，保持管身平衡均匀放至沟槽，严禁将管材
由槽顶滚入槽内。

1.1.5.2　电力排管采用承插式安装，专用管枕放置间距为 2 m，管枕应放置平直，严禁悬空；管道安装应顺直，承插管插入应到位，承插深度一般为 150 mm，承插接头处不应有弯曲，严禁排管安装悬空。排管进入检查井内应整齐并延伸至检查井墙中，入井端应按设计要求进行封堵。

1.1.5.3　为了易于插入可以使用润滑剂，即将润滑剂均匀地涂敷在擦净的承口里面及插入端四周表面。润滑剂应使用中性洗涤剂的溶液或起泡沫的肥皂，切忌使用油和润滑脂，以免使电力排管老化。

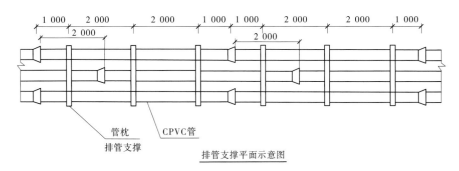

排管支撑平面示意图

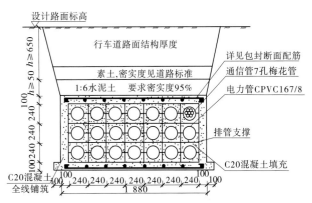

图 1.1.5-1　管道敷设

1.1.5.4　混凝土浇筑采用水平铺筑分层浇筑，浇筑层厚度控制在 0.3 ~ 0.4 m，考虑混凝土浇筑时的模板侧压力，防止模板变形，每层混凝土浇筑时间控制在 1 h。

1.1.5.5　混凝土振捣要做到"快插慢拔"。在振捣过程中，将振动棒上下略微抽动，以使上下振捣均匀。使用振动棒时，尽量避免碰撞钢筋、管道等。振捣上层混凝土时，振捣棒插入下层混凝土中

5 cm 左右，以消除两层之间的接缝，同时在振捣上层混凝土时，要在下层混凝土初凝之前进行。对于拌和物不能直接到达的边、角等部位，采用人工平仓、捣实。振捣作业在混凝土初凝前进行。

1.1.5.6　浇筑接头应凿毛、润湿处理。

图 1.1.5-2　管道包封浇筑

图 1.1.5-3　管道包封养护

河南鑫港工程检测有限公司

混凝土试块抗压强度检验报告

委托单编号：WT-SZ1703102632　　　　　报告编号：SZ-SK1703104220

委托单位	郑州航空港汇港发展有限公司		
施工单位	中国电力建设股份有限公司		
工程名称	郑州航空港经济综合实验区（郑州新郑综合保税区）双鹤四街　电力工程		
工程部位	K3+390-K3+563.811 电力排管包封		
样品名称	混凝土试块	检验性质	见证取样
设计强度等级	C20	成型日期	2017.10.02
规格型号	100 mm×100mm×100mm	送样日期	2017.10.27
组　数	1 组(28d)	检验日期	2017.10.30
养护方法	标准养护	报告日期	2017.10.30
样品状态	完好		
检验依据	《普通混凝土力学性能试验方法标准》GB/T 50081-2002		

序号	破坏荷载 (kN)	抗压强度（MPa）		达到设计强度等级(%)
		单个值	强度值	
1	250.34	23.8	23.7	119
	252.82	24.0		
	245.52	23.3		
		以下空白		

检验结果	依据《普通混凝土力学性能试验方法标准》GB/T 50081-2002 标准所检项目符合设计要求。
备注	委托人：刘治桥 取样人：刘治桥（H41140060000064） 见证人：关永利（H41140050100030） 监理单位：中建卓越建设管理有限公司
注意事项	1 报告无测试报告专用章及计量认证章无效。2 报告无检验、审核、批准签章或签字无效，复印报告未加盖测试报告专用章无效。3 报告涂改无效。4 委托送检的，其检测数据、结果仅对来样负责。5 对检验报告若有异议，应于收到报告之日起十五日内向检测单位提出，逾期不予办理。 地址：郑州市中原区陇海西路 350 号及发郑国际广场 15 层　电话：0371-55185332;　传真：0371-55185332; 电子邮箱：xingangjiance@sina.com。

检验人：　　　　　审核人：　　　　　批准人：

第 1 页 共 1 页

图 1.1.5-4　混凝土强度检测报告

1.1.6 检查井

1.1.6.1 基槽开挖

检查井基槽与排管沟槽开挖同步进行,采用机械开挖,人工配合清槽,机械开挖应由深而浅,基底应预留20 cm土层人工清底找平,从而避免超挖和基底土遭受扰动。

1.1.6.2 垫层施工

(1)垫层的中心线应符合设计规定,左右偏差不应超过±10 mm;高程误差不应超过±10 mm,检查井垫层宽度应比检查井底板宽度加宽200 mm(即每侧各加宽100 mm)。

(2)垫层基础浇筑的混凝土应捣固密实,垫层模板拆除后,垫层侧面应无蜂窝、掉边、断裂及欠茬等现象。

1.1.6.3 底板施工

(1)底板施工前先在垫层上用全站仪对检查井底板四个角进行放样,弹好墨线,为底板及侧墙钢筋绑扎提供基准线。侧墙钢筋预埋时,按图纸画好的间距进行摆放,钢筋交叉采用扎丝梅花跳绑,保证预埋钢筋竖直、牢固。

(2)混凝土浇筑时坍落度应符合要求,无离析现象。现场采用溜槽入模,浇筑速度不宜太快,混凝土应分层浇筑,振捣至混凝土不再下沉,不出现气泡,表面浮浆为止。初凝后覆盖土工布洒水养护。

(3)浇筑过程中应按照图纸要求预留集水坑,根据需要切断相应底板钢筋,并在坑洞周边按要求设置加强钢筋,制作固定模板填充集水坑位置并适当配重,防止浇筑过程中模板结构上浮。

图1.1.6-1　检查井底板钢筋安装　　　　　　图1.1.6-2　检查井底板钢筋检查

1.1.6.4 侧墙及顶板施工

1.1.6.4.1 侧墙及顶板钢筋安装

(1)钢筋放样:根据施工图纸设计要求及03G101图集、《混凝土结构工程施工质量验收规范》(GB 50204—2015)的规定执行。

(2)钢筋加工:配料时在满足设计及相关规范的前提下,有利于保证加工安装质量,要考虑附加筋。成型钢筋形状、尺寸准确,平面上没有翘曲不平,弯曲点处不得有裂纹和回弯现象。

(3)钢筋绑扎:钢筋绑扎时注意施绑顺序(由内及外,自下而上,先主筋后分布),确保安装到位。钢筋绑扎的同时要注意预埋件、预留孔等及时配合安装,按设计及规范要求增设洞口加强钢筋绑扎布置。钢筋保护层采用3 cm厚垫块控制,呈梅花状布置,间距60 cm×60 cm。

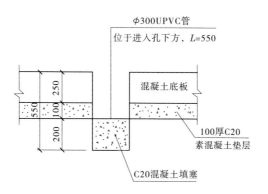

图 1.1.6-3　集水坑大样图

表 1.1.6-1　钢筋绑扎允许偏差

序号	项目		允许偏差（mm）	检验方法
1	绑扎骨架	宽、高	±5	尺量
		长	±10	
2	受力主筋	间距	±10	尺量连续 5 个间距
		排距	±5	
3	保护层厚度	底板、墙	±3	尺量
		顶板	±3	
4	受力钢筋搭接锚固长度	搭接	+10、5	尺量
		锚固	±5	

图 1.1.6-4　侧墙钢筋安装

1.1.6.4.2　侧墙及顶板模板安装

（1）模板自身表面要平整、清洁，如存在不满足要求的情况，需要提前进行处理，验收合格后使用。拼缝之间夹海绵条，确保拼缝严密，使接缝处的混凝土表面平整、均匀。模板不得与结构钢筋直接连接，亦不得与施工脚手架连接，以免引起模板的变形、错位。外层钢筋与模板间绑扎垫块，以保证保护层厚度。

（2）模板内表面涂刷隔离剂，以防止与混凝土的黏结和便于拆模。隔离剂不得影响结构性能，不得沾污钢筋、预埋件和混凝土接槎处。

（3）按图纸要求的位置和高程将预埋件或预留管固定在模板上。浇筑混凝土前，确定预埋件和预留孔洞的位置和数量与设计图一致，安装牢固。

（4）模板支撑体系内拉、外撑应严格按照施工方案执行，并校核验算结果。模板支好后经挂线校正，用线、锥校正位置及垂直度，保证截面尺寸。

表 1.1.6-2　现浇结构模板安装的允许偏差及检验方法

项目		允许偏差（mm）	检查方法
轴线位置		5	钢尺检查
底模上表面标高		±5	水准仪或拉线、钢尺检查
截面内部尺寸	基础	±10	钢尺检查
	柱、墙、梁	+4，−5	钢尺检查
层高垂直度	不大于5 m	6	经纬仪或吊线、钢尺检查
	大于5 m	8	经纬仪或吊线、钢尺检查
相邻两板表面高低差		2	钢尺检查
表面平整度		5	2 m靠尺和塞尺检查
长度	板、梁	±5	钢尺量两角边，取其中较大值
	薄腹梁、桁架	±10	
	柱	0，−10	
	墙板	0，−5	
宽度	板、墙板	0，−5	钢尺量一端及中部，取其中较大值
	梁、薄腹梁、桁架、柱	+2，−5	
高（厚）度	板	+2，−3	钢尺量一端及中部，取其中较大值
	墙板	0，−5	
	梁、薄腹梁、桁架、柱	+2，−5	
侧向弯曲	梁、板、柱	$l/1\,000$ 且 ≤ 15	拉线、钢尺量取大弯曲处
	墙板、薄腹梁、桁架	$l/1\,500$ 且 ≤ 15	

1.1.6.4.3　侧墙及顶板浇筑

（1）混凝土浇筑前再次确认所有的预埋件、预留洞位置正确，无遗漏，模板经监理工程师验收合格后方可开仓浇筑。

（2）根据施工现场情况合理选择混凝土运输方式，确保混凝土浇筑时和易性符合要求。现场采用合理的入模方式使得混凝土自由落体高度小于2 m，浇筑速度不宜太快，混凝土分层浇筑，每层厚度为30~40 cm。考虑合理的浇筑顺序，确保下层混凝土未初凝前浇筑上层混凝土。振捣棒插入下层5~10 cm，确保混凝土衔接良好。混凝土振捣确保既不过振又不漏振。

（3）混凝土初凝后应及时覆盖土工布洒水养护，冬季施工时还应采取保温措施。

1.1.6.4.4　模板拆除

（1）模板及支架拆除时混凝土强度应符合设计要求，当设计无具体要求时侧墙模板应在混凝土强度达到设计强度的75%以上方可拆除，在顶板混凝土强度达到设计强度100%之前不得拆除顶模及顶模支撑。

（2）模板拆除时应注意保护混凝土表面及棱角不受损伤。

图 1.1.6-5　检查井模板安装

图 1.1.6-6　侧墙及顶板浇筑

图 1.1.6-7　井身及盖板浇筑

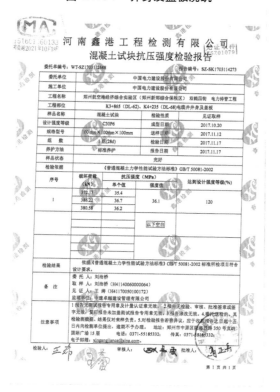

图 1.1.6-8　混凝土强度检测报告

1.1.7　砌筑手孔井

按照图集 07SD101 的设计要求施工。手孔净高应符合设计规定，墙体与基础应结合严密、不漏水，墙体应垂直。管道进入手孔位置，应符合设计规定，砖砌体砂浆饱满程度应不低于 80%，砖缝宽度应为 8～12 mm，同一砖缝的宽度应一致。砌体横缝应为 15～20 mm，竖缝应为 10～15 mm，竖缝灌浆必须饱满、严实，不得出现跑漏现象。抹面的砌体应将墙面清扫干净，抹面应平整、压光、不空鼓，墙角不得歪斜。

图 1.1.7-1　电力手孔井砌筑

图 1.1.7-2　砂浆强度检测报告

1.1.8　配件安装

1.1.8.1　预埋件埋置安装

拉环、踏步、角钢等在混凝土浇筑前进行埋设，所有预埋件位置准确安装牢固，不会因混凝土浇筑而使预埋件脱落、变形。拉力环的位置应符合设计规定，应按图纸要求位置埋设，露出墙面距离符合规范及设计要求（以不影响施工为准）。踏步：①安装时，踏步中线径向外露长度 100 mm，踏步第一阶距井盖顶面 220 mm。②安装时，平行于井筒内壁，两踏步水平中心间距 300 mm。③上、下踏步应在同一垂直线上。角钢的规格、位置应符合图纸及设计规定，穿钉与墙体应保持垂直。角钢露出墙面距离符合规范及设计要求（满足后期安装支架最低要求），安装完成后不得松动、歪斜，需要时采取必要的保护措施。

1.1.8.2　电缆支架安装

本工程支架材料采用热镀锌角钢，材料到场后应根据图纸要求进行尺寸验收，合格后方可使用。

热镀锌角钢应按设计要求的支架安装位置与预埋钢板焊接牢固。焊接时先采用点焊，然后用水平尺找平，做到横平竖直后再焊接牢固。支架安装应符合以下要求：

（1）钢材应平直，无明显扭曲。下料误差应在 ±5 mm 范围内，切口应无卷边、毛刺。

（2）电缆支架层间距离应符合设计要求。

（3）电缆支架安装应牢固，横平竖直。各支架的同层横挡应在同一水平面上，其高低偏差应符合设计及规范要求，偏差不大于 5 mm。

图 1.1.8-1　预埋件安装

图 1.1.8-2　电缆支架安装

1.1.8.3　电缆井内接地安装

电缆井内采用符合图纸要求的镀锌扁钢接地，扁钢必须在电缆井中绕一圈并与各电缆支架和拉环可靠焊接，扁钢与扁钢的焊接长度为扁钢宽度的 2 倍，三面满焊；等电位端子板采用 40×4 镀锌扁钢与电力井结构钢筋应可靠连接，接地板规格应符合图纸要求，距地距离应符合图纸和设计规定。接地连接完成后应用摇表等对相应装置进行检测，确定符合要求后进行下一步工作。总接地电阻应符合设计要求（不大于 10 Ω），若达不到要求则需通过室外预埋的钢板外引人工接地极，直至满足设计要求。

图 1.1.8-3　扁钢焊接

图 1.1.8-4　电力检测井接地电阻检测

1.1.9　人（手）孔上覆及井筒

按照图集 07SD101-8《电力电缆井设计与安装》的设计要求施工。

人（手）孔上覆的配筋种类，混凝土的强度等级、厚度应结合图集、图纸要求制作施工，图纸设计有特殊要求的以图纸设计为准。预制上覆的工作场地必须硬化，经现场验收合格后方可使用，确保上覆盖板表面平整、光滑、不露筋，无蜂窝等缺陷。

人（手）孔井筒应与上覆预留洞口形成同心圆的圆筒状，井筒内、外应抹面。井筒与上覆搭接处抹角应严密、贴实、无空鼓、表面光滑、无欠茬、无飞刺、无断裂等。

图 1.1.9-1 电力检查井预制盖板

图 1.1.9-2 人孔井筒砌筑抹面后养护

1.1.10 沟槽回填

电力排管回填材料和压实度应符合图纸及规范要求。回填压实度应符合《给水排水管道工程施工及验收规范》（GB 50268—2008）4.6 节的要求。

（1）沟槽回填分层进行，回填料虚铺厚度严格按回填施工前击实试验确定的施工参数执行。

（2）分段回填时，接槎处修整成台阶，错槎搭接。

（3）沟槽回填顺序按沟槽排水方向由高向低分层进行。

（4）管顶以上 500 mm 范围内，不得回填大于 100 mm 的石块、砖块等杂物。

（5）回填时，槽内应无水，不得回填淤泥、腐殖土及有机质。

（6）回填土压实每层虚铺厚度见表 1.1.10-1。

表 1.1.10-1

压实工具	虚铺厚度（mm）
木夯、铁夯	≤200
轻型压实设备	200～250
压路机	200～300
振动压路机	≤400

注：具体的回填厚度由现场回填试验确定的试验参数确定。

图 1.1.10-1 管道两侧沟槽回填

图 1.1.10-2 沟槽回填压实度检测

图 1.1.10-3　沟槽回填压实度检测报告

1.1.11　井盖安装

人（手）孔井盖设置在人行道时采用 C250 型井盖，设置在车行道时采用 D400 型井盖。井盖应与相邻界面高程齐平，允许偏差为 ±5 mm，人（手）孔井盖设置在绿化带等非通行场所时，允许偏差不应大于 20 mm。井盖样式及其配件根据图纸要求结合业主相关意见进行确定，同条道路及地区应保证风格一致。采用销轴连接的人孔井盖座，安装时销轴宜与道路侧石平行，并设置在靠近侧石方向。

图 1.1.11-1　井盖安装

1.2 110 kV 高压输电线路土建工程

1.2.1 质量控制流程图

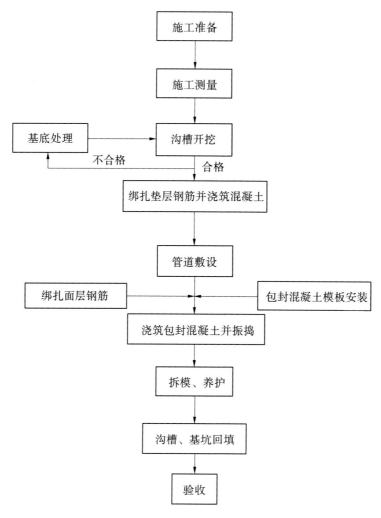

图 1.2.1-1 110 kV 高压电质量控制流程图

1.2.2 沟槽开挖

1.2.2.1 测量放线

施工前按照设计图纸测量放样出管道中心线及检查井的中心位置，并根据管道排管垫层尺寸、检查井尺寸放样出开挖边线，并用石灰粉画线控制；计算出开挖深度、标高，设置高程控制点，直线段每 10 m 一点，曲线段每 5 m 一点。

1.2.2.2 沟槽开挖

（1）一般要求。

①大断面深沟槽开挖时，需编制专项施工方案；

②沟槽开挖至设计高程后需由建设、设计、勘察、施工、监理单位共同验槽；

图 1.2.2-1　测量放线

③管道有交叉时,应满足管道间最小净距、有压管道避让无压管道、支管避让干管、小口径避让大口径的原则。

(2)有地下水影响的沟槽施工,需制订降排水方案,包括降排水量的计算,方法的选定,排水系统的布置,观测系统的布置,抽水机械的型号、数量,降水井及排放管渠的构造,电渗排水所采用设施及电极,周边管线和构造物的安全保护措施。设计降水深度在基坑(槽)范围内不应小于基坑槽底面以下 0.5 m。

(3)沟槽开挖断面应符合设计及规范的要求。沟槽挖深较大时,应确定分层开挖及分层深度,机械开挖时槽底预留 200~300 mm 土层由人工开挖至设计高程,整平。槽壁平顺,边坡坡度符合施工方案的规定。在沟槽边坡稳固后设置安全梯供施工人员上下沟槽。

放坡、支护、分级应严格按规范要求实施。对于管道填方段,要求将现状地面按照道路施工要求回填至管道顶以上 0.5 m 后方可进行沟槽开挖;对于沿线地形变化较大、局部管线挖深过大的挖方段,建议施工时整体平整后再开挖沟槽;地质条件良好,土质均匀,地下水位低于沟槽底面高程,且开挖深度在 5 m 以内,沟槽不设支撑时,沟槽边坡最陡坡度应符合表 1.2.2-1 的要求。

表 1.2.2-1　深度在 5 m 以内的沟槽边坡的最陡坡度

土的类别	边坡坡度(高:宽)		
	坡顶无荷载	坡顶有荷载	坡顶有动载
中密的砂土	1:1.00	1:1.25	1:1.50
中密的碎石类土(充填物为砂土)	1:0.75	1:1.00	1:1.25
硬塑的粉土	1:0.67	1:0.75	1:1.00
中密的碎石类土(填充物为黏性土)	1:0.50	1:0.67	1:0.75
硬塑的粉质黏土、黏土	1:0.33	1:0.50	1:0.67
老黄土	1:0.10	1:0.25	1:0.33
软土(经井点降水后)	1:1.25	—	—

沟槽如设支撑应经常检查,发现有弯曲、松动、移位或劈裂等迹象时,应及时处理。支撑拆除后及时回填。施工人员由安全梯上下沟槽,不得攀登支撑。

(4)沟槽原状地基土不得扰动,若出现超挖或扰动,应符合以下规定:当超挖深度不超过 150 mm 时,可用挖槽原土回填夯实,其压实度不应低于原地基土的密实度;当槽底地基土壤含水量较大,不适于压实时,应采取换填等有效措施。当沟槽底部有杂填土、腐蚀性土或者有积水、软基、冻土等不符合要求的土时,应挖出并进行地基处理,使槽底底面平整、坚实。

(5)沟槽临时堆土或其他施工荷载不得影响其他建筑物、管线、设施的安全,不得掩埋各种设施，影响使用，堆土距沟槽边缘不小于 0.8 m，高度不应超过 1.5 m，堆土不得超过设计堆置高度。

图 1.2.2-2　沟槽开挖

图 1.2.2-3　槽底压实度检测

1.2.3　管道基础

沟槽验收合格后，按设计图纸及规范要求进行管道基础施工。管道基础为钢筋混凝土时，应满足下列要求：

图 1.2.3-1　钢筋原材检测报告

1.2.3.1　钢筋制安

（1）对进场钢筋的规格、数量、外观等按要求进行验收，并进行抽检送样，验收及检测合格后方可使用。

（2）对钢筋成型后的安装位置、连接方式、接头质量等进行检查，符合设计要求后方能进行下一道工序施工。

1.2.3.2　模板安装

（1）模板应平整、清洁、接缝严密且按照要求涂刷隔离剂。

（2）模板安装时可用钢筋、土堆等进行固定，防止浇筑过程中模板移动。

（3）模板安装完成后应检查轴线位置、尺寸、高程等是否符合要求，验收合格后方可进入下一道工序。

图 1.2.3-2　混凝土管道基础

1.2.3.3　混凝土浇筑

（1）混凝土浇筑高度大于 2 m 时，需用溜槽、串筒等进行浇筑；混凝土浇筑时应振捣密实，避免出现气泡、蜂窝、麻面现象。

（2）混凝土浇筑完成后应及时收面，收面时应控制其坡度及高程，使其满足设计图纸要求。

（3）混凝土浇筑收面完成后应及时覆盖并洒水养护，避免出现干缩裂缝。

（4）混凝土强度达到设计或规范要求后方可拆模，若拆模后存在外观质量缺陷，应及时进行修补。

1.2.4　管道敷设

1.2.4.1　管道敷设前应满足下列条件

（1）管材进场前需将厂家资质、质量承诺书、产品检测报告等资料在相关单位进行登记；每批次进场的管材应查验其订购合同、质量合格证书、性能检验报告等，并按照设计要求对管材及管道附件进行核对。

（2）按产品标准及设计要求逐根检查管道外观质量，要求管材标识齐全，外观颜色均匀一致，无凹陷、气泡、明显杂质，且按照《电力电缆用导管技术条件 第 7 部分：非开挖用改性聚丙烯塑料电缆导管》（DL/T 802.7—2010）进行抽检，检测合格后方可使用。

图 1.2.4-1　进场管材取样

河南省建筑工程质量检验测试中心站有限公司

15160106065
检测2021年11月5日

检 验 检 测 报 告

见证取样
ZJZ01009

委托单编号：WTS03-2018-232　　　　　报告编号：S03 类 2018 年 14-039 号

委托单位	郑州航空港区航兴基础设施建设有限公司			
施工单位	中国电力建设股份有限公司			
工程名称	郑州航空港经济综合实验区 2016-2018 年片区城市基础设施一级开发建设项目施工总承包（第二标段）			
工程部位	晶店 110KV 输电电线路工程			
样品名称	MPP 电缆保护管		检验性质	见证取样
规格型号	DS180×10.0 mm		送样日期	2018.04.09 10:34
代表批量	60 t		检验日期	2018.04.10
生产厂家	杭州至欧科技有限公司		报告日期	2018.04.16
检验依据	《电力电缆用导管技术条件 第 7 部分：非开挖用改性聚丙烯塑料电缆导管》DL/T 802.7-2010			

序号	检验项目	标准要求	检验结果	单项判定
1	颜色	由供需双方商定	橘红色	/
2	外观	导管内外壁不允许有气泡、裂口和明显的痕纹、凹陷、杂质、分解变色线以及颜色不均等缺陷，导管内壁应光滑、平整，导管端面应切割平整并与轴线垂直	符合	合格
3	规格尺寸及偏差（mm）	公称内径 $180^{+0.9}_{-0.2}$	180.3	合格
		公称壁厚 $10.0^{+2.2}_{-0.2}$	10.2	合格
4	落锤冲击试验	试样不应出现裂缝或破裂	符合	合格
5	压扁试验	加荷于试样垂直方向变形量为原内径的 50%时，试样不应出现裂缝或破裂	符合	合格
6	环刚度（kN/m²）	≥24	25.88	合格
7	拉伸强度（MPa）	≥25	25.6	合格
8	断裂伸长率（%）	≥400	403	合格
9	维卡软化温度（℃）	≥150	151	合格
检验结论	依据《电力电缆用导管技术条件 第 7 部分：非开挖用改性聚丙烯塑料电缆导管》DL/T 802.7-2010，所检项目符合标准要求。			
备注	委托人：叶永宁 取样人：叶永宁（H41170060001081） 见证人：张贝（电建见证土字第 2014-426 号） 监理单位：河南省电力勘测设计院 公称外径：200 mm			
注意事项	1.报告无测试报告专用章及计量认证章无效。2.报告无测试报告专用章骑缝章无效。3.报告无检验、审核、批准签章或签字无效。4.复印报告未加盖测试报告专用章无效。5.报告涂改无效。6.对检验报告若有异议，应于收到报告之日起十五日内向检测单位提出，逾期不予办理。地址：河南省郑州市金水区丰乐路 4 号电话：0371-63934069；传真：0371-63850517；网址：http://www.hnjky.com.cn。			

检验人：青羊领 李寅　　　审核人：上译　　　批准人：张小海

第 1 页 共 1 页

图 1.2.4-2　MPP 管试验报告

1.2.4.2　管道安装

（1）管道安装过程中应采取有效措施进行稳管，避免管道移动，确保管线顺直。

（2）管道安装过程中应控制好管道的中线及高程，在调整管道位置、高程的同时需保证管道的稳固。

（3）管道接口要连接紧密，采用热熔连接时，对接的两管轴线要对准，断面切削要垂直平整；接口方向要求与排管变坡方向一致，不小于 5‰的坡度，且与相邻管道接口错开；热熔接口应每批次取样一次，检测其拉伸强度符合《电力电缆用导管技术条件 第 7 部分：非开挖用改性聚丙烯塑料电缆导管》（DL/T 802.7—2010）的要求。

（4）管道有弯曲段时，管材最小弯曲半径应大于 75 倍保护管外径。

图 1.2.4-3　管道热熔连接

图 1.2.4-4　管道安装

河南省建筑工程质量检验测试中心站有限公司
检 验 检 测 报 告

委托单编号：WTS03-2018-331　　　　　　　报告编号：S03 类 2018 年 14-077 号

委托单位	郑州航空港区航兴基础设施建设有限公司		
施工单位	中国电力建设股份有限公司		
工程名称	郑州航空港经济综合实验区 2016～2018 年片区城市基础设施 一级开发建设项目施工总承包（第二标段）		
工程部位	晶店 110KV 输电线路工程		
样品名称	MPP 电缆保护管热熔接头	检验性质	见证取样
规格型号	DS180×10 SN32	送样日期	2018.04.24 14:50
代表批量	/	检验日期	2018.04.25
生产厂家	杭州至欧科技有限公司	报告日期	2018.05.10
检验依据	《电力电缆用导管技术条件 第 7 部分：非开挖用改性聚丙烯塑料电缆导管》 DL/T 802.7-2010		

序号	检验项目	标准要求	检验结果	单项判定
1	拉伸强度（MPa）	≥22.5	22.7	合格
			以下空白	

检验结论	依据《电力电缆用导管技术条件 第 7 部分：非开挖用改性聚丙烯塑料电缆导管》DL/T 802.7-2010，所检项目符合标准要求。
备　　注	委托 人：叶永宁 取样 人：叶永宁（H41170060001081） 见证 人：张 贝（电建见证土字第 2014-426 号） 监理单位：河南省电力勘测设计院 公称外径：200 mm
注意事项	1.报告无测试报告专用章及计量认证章无效。2.报告无测试报告专用章骑缝章无效。 3.报告无检验、审核、批准签章或签字无效。4.复印报告未加盖测试报告专用章无效。 5.报告涂改无效。 6.对检验报告若有异议，应于收到报告之日起十五日内向检测单位提出，逾期不予办理。 地址：河南省郑州市金水区丰乐路 4 号 电话：0371-63934069；传真：0371-63850517；网址：http://www.hnjky.com.cn。

检验人：青宇领　李宾　　　审核人：王萍　　　批准人：张志海

第 1 页 共 1 页

图 1.2.4-5　热熔接口检测报告

（5）管道遇检查井需截断管材时，其破槎不得朝向检查井内。

（6）管道分段敷设时，要注意将管口临时封闭，以防杂物进入管道，暂时不用的管道用橡皮塞塞堵。

（7）所有排管应安装牢固，线形平直，无扭曲。

1.2.4.3 管道包封

（1）管道包封施工过程中应注意保护管道，避免出现管道位移、破损。

（2）严格按照设计图纸进行钢筋加工及安装，钢筋交叉处用铁丝绑扎牢固，且注意箍筋末端、绑扎的铁丝头向内侧弯曲。

（3）模板内侧要求表面光洁，均匀涂刷脱模剂；模板安装后应接缝严密、整体稳固、位置正确、高程无误。

（4）钢筋、模板经验收合格后，将模板内的杂物清除干净，方可浇筑混凝土。

（5）混凝土生产前，第三方检测机构需对混凝土配合比进行验证，确保施工配合比满足设计规范要求，每次浇筑前应要求商品混凝土厂家提供混凝土质量保证资料；混凝土到现场后，应按要求做坍落度试验，对于坍落度不合格的进行退场处理。

图 1.2.4-6　混凝土配合比验证报告

（6）工地应建立标准养护室，浇筑混凝土时按要求取样留置试块，试块脱模后对试样进行编号，及时放入标准养护室进行养护，达到 28 d 后送至第三方检测机构进行抗压、抗渗试验。

（7）管道安装完成后，使用铁丝将所有管道统一固定在垫层混凝土预埋的拉环上，防止浇筑混凝土时管道因比重轻而上浮，影响管道顺直度和线形。

（8）混凝土浇筑高差较大时，宜采用溜槽、串筒等分层浇筑；浇筑时需同时浇筑管道两侧，避免挤压管道，且注意对管道接头的保护，用轻型振捣器或小型振捣棒振捣密实。

（9）混凝土浇筑完成后应及时覆盖洒水养护，保持混凝土表面湿润，养护期不少于 7 d。

（10）管道包封施工完成后应用排管疏通器（铁牛）对管道通畅情况进行检查，若管道不通，应及时进行处理，并用橡胶塞排除管孔内的残存屑末或淤泥，及时将管内的施工遗留杂物清理干净。

图 1.2.4-7　混凝土强度检测报告

图 1.2.4-8　铁丝固定管道防止漂管

图 1.2.4-9　混凝土包封模板

图 1.2.4-10　混凝土浇筑后覆盖养护　　　　　　图 1.2.4-11　管道疏通

1.2.5　电缆井井室施工

电缆井井室施工应按照设计图纸或相关规范要求进行，若采用钢筋混凝土现浇结构应满足下列要求。

1.2.5.1　电缆井主体施工

（1）电缆井基础应置于原状地基上，垫层下的地基应稳定、平整、干燥，严禁浸水，地基承载力满足设计要求。

（2）井室开挖与管道沟槽开挖同时进行，要求井室开挖后的尺寸、位置和标高符合设计要求。

（3）钢筋制安应符合设计及规范要求，并严格控制钢筋混凝土保护层厚度。

（4）电缆井踏步材料应符合设计要求，踏步安装应与电缆井钢筋安装同步进行。

（5）模板内侧表面应平整、清洁，均匀涂刷脱模剂，模板拼装后应稳固牢靠、接缝严密。

（6）钢筋、模板经验收合格后，将模板内的杂物清理干净，方可浇筑混凝土。

图 1.2.5-1　电缆井地基承载力检测

（7）电缆井混凝土浇筑一般采用防水混凝土，混凝土浇筑时宜采用溜槽、串筒分层浇筑，并设专人负责振捣，避免出现过振或欠振现象。

（8）电缆井分两次浇筑时，应预留施工缝，第二次浇筑前应凿除结合部位混凝土浮浆并清理干净，并洒水湿润，确保接槎部位连接紧密。

（9）电缆井浇筑完成后需覆盖洒水养护，养护期不少于 7 d，冬季施工时应增加保温措施。

1.2.5.2　其他要求

（1）电缆井底应按设计要求设置相应的坡度，并设置集水坑，确保井室内部干燥。

（2）管道伸入电缆井部分应与井壁齐平，疏通、清理干净后对管口进行封堵。

（3）井室内的钢构件均应进行热镀锌防腐处理。

（4）预制盖板安装时，强度应符合设计要求，盖板安装前将井内杂物清理干净；盖板与井之间的缝隙用沥青混合填缝料塞实。

（5）电缆井人孔井盖材质应满足设计要求。

图 1.2.5-2　电缆井踏步与钢筋同时安装

图 1.2.5-3　电缆井钢筋、模板安装验收

1.2.5.3　接地装置

（1）电缆井应按照设计图纸及规范要求设置接地装置，接地线规格数量符合要求，防腐层完好，标识齐全、明显。

（2）接地装置应与地构成闭合回路，且经常流过电流的接地线应沿绝缘垫板敷设，不得与金属管道、建筑物和设备的构件有金属连接。

（3）除临时接地装置外，接地装置应采用热镀锌钢材，水平敷设的可采用圆钢和扁钢，垂直敷设的可采用角钢和钢管。腐蚀比较严重地区的接地装置，应适当加大截面，或采取阴极保护等措施。

（4）接地装置的焊接应采用搭接焊，焊接必须牢固，无虚焊，其搭接长度必须符合下列规定：

①扁钢为其宽度的 2 倍（且至少 3 个棱边焊接）；

②圆钢为其直径的 6 倍；

③圆钢与扁钢连接时，其长度为圆钢直径的 6 倍；

④扁钢与钢管、扁钢与角钢焊接时，为了连接可靠，除应在其接触部位两侧进行焊接外，并应焊以由钢带弯成的弧形（或直角形）卡子或直接由钢带本身弯成弧形（或直角形）与钢管（或角钢）焊接。

（5）接地装置完成后应立即测试接地电阻，电阻必须满足设计要求后才能进行下一道工序施工；电阻达不到设计要求的应加设接地极直到满足要求。

图 1.2.5-4　检查井内管头封堵

图 1.2.5-5　接地焊接

（6）接地体顶面埋设深度应符合设计规定。当无规定时，不应小于 0.6 m。角钢、钢管、铜棒、铜管等接地体应垂直配置。除接地体外，接地体引出线的垂直部分和接地装置连接（焊接）部

位外侧 100 mm 范围内应做防腐处理；在做防腐处理前，表面必须除锈并去掉焊接处残留的焊药。

图 1.2.5-6 电缆井接地电阻测试

图 1.2.5-7 接地装置防腐处理

（7）接地线不应作其他用途。

1.2.6 沟槽、基坑回填

1.2.6.1 沟槽、基坑回填前应符合的规定

（1）沟槽内无砖渣、木块、建筑垃圾等杂物。

（2）沟槽内无积水。

（3）保持降、排水系统正常运行，不得带水回填。

（4）接地装置电阻测试满足设计及规范要求。

1.2.6.2 沟槽、基坑回填应符合的规定

（1）回填材料应符合设计要求，采用素土回填时，槽底至管顶以上 500 mm 范围内，土中不得含有杂物、冻土以及大于 50 mm 的砖、石等硬块。

（2）回填作业的压实遍数、压实机具、材料含水量和虚铺厚度应经现场试验后确定；回填时应分层回填，分层压实；分段回填时，相邻段的接槎应成台阶形。

（3）回填材料的含水量，宜按类型和采用的压实工具控制在最佳含水量 ±2% 范围内。

（4）当电缆排管在道路路面下时，包封混凝土顶面应按设计要求进行加固；排管位置在绿化带

范围内时，可直接采用素土回填至设计标高。

（5）回填压实度应符合设计要求，设计无要求时，应符合表 1.2.6-1 的规定。

表 1.2.6-1　刚性管道沟槽回填土压实度

序号	项目			最低压实度（%）		检查数量		检查方法
				重型击实标准	轻型击实标准	范围	点数	
1	石灰土类垫层			93	95	100 m	每层每侧一组（每组3点）	用环刀法检查或采用现行国家标准《土工试验方法标准》（GB/T 50123—1999）中其他方法
2	沟槽在路基范围外	胸腔部分	管侧	87	90	两井之间或1 000 m²		
			管顶以上 500 mm	87±2（轻型）				
		其余部分		≥90（轻型）或按设计要求				
		农田或绿地范围表层 500 mm 范围内		不宜压实，预留沉降量，表面整平				
3	沟槽在路基范围内	胸腔部分	管侧	87	90	两井之间或1 000 m²	每层每侧一组（每组3点）	用环刀法检查或采用现行国家标准《土工试验方法标准》（GB/T 50123—1999）中其他方法
			管顶以上 250 mm	87±2（轻型）				
		由路槽底算起的深度范围（mm）	≤800 快速路及主干路	95	98			
			次干路	93	95			
			支路	90	92			
			>800~1 500 快速路及主干路	93	95			
			次干路	90	92			
			支路	87	90			
			>1 500 快速路及主干路	87	90			
			次干路	87	90			
			支路	87	90			

图 1.2.6-1　沟槽回填

河南鑫港工程检测有限公司
压实度试验检测报告

委托单编号：WT-SZ1703030369　　　　　报告编号：SZ-XC1703032343

委托单位	郑州航空港区航兴基础设施建设有限公司		
施工单位	中国电力建设股份有限公司		
工程名称	郑州航空港经济综合实验区 2016-2018 年片区城市基础设施一级开发建设项目施工总承包（第二标段）		
工程部位	晶店 110KV 输电电线路工程		
样品名称	压实度（环刀法）	检验性质	委托检验
最大干密度（g/cm³）	1.78	最佳含水率(%)	10.3
检验日期	2017.03.12	报告日期	2017.03.12
检验依据	《公路路基路面现场测试规程》JTG E60-2008《城镇道路工程施工与质量验收规范》CJJ1-2008依据图纸设计要求		
所检项目	桩号	设计要求	实测值
压实度（%）	K0+788	≥90	92.1
压实度（%）	K0+792	≥90	91.6
压实度（%）	K0+808	≥90	92.1
压实度（%）	K0+816	≥90	91.0
压实度（%）	K0+827	≥90	92.1
压实度（%）	K0+840	≥90	93.3
	以下空白		
检验结果	依据 JTG E60-2008 规程，所检项目符合设计要求。		
备注	委 托 人：岳吉元 取 样 人：岳吉元（H41140060000066） 见 证 人：汪波（杭建见 2011556） 监理单位：浙江明康工程咨询有限公司		
注意事项	1.报告无测试报告专用章及计量认证章无效。 2.报告无检验、审核、批准签章或签字无效，复印报告不加盖测试报告专用章无效。3.报告涂改无效。4.委托送检的，其检验、检测数据结果仅对来样负责。5.对检验报告若有异议，应于收到报告之日起十五日内向检测单位提出，逾期不予办理。地址：郑州市中原区陇海西路 350 号友纳国际广场 15 层 电话：0371-55185332；传真：0371-55185332；电子邮箱：xingangjiance@sina.com。		

检验人：　　　　　　　　　　　审核人：　　　批准人：　　　第 1 页 共 1 页

图 1.2.6-2　回填压实度报告

图 1.2.6-3　电缆井井周分层回填

1.2.6.3　电缆井井周回填应符合的规定

（1）电缆井井周回填应与沟槽回填同时进行；不便同时进行时，应留台阶形接槎。

（2）电缆井井周回填压实时应沿井室中心对称进行，且不得漏夯。

（3）回填材料压实后应与井壁紧贴。

（4）严禁在槽壁上取土回填。

（5）回填材料必须符合设计及规范要求，当回填材料为石灰土、水泥土或水泥石灰土时必须集中掺拌均匀，其最优含水量必须符合标准击实试验要求，且回填宽度应符合设计要求。

1.3 220 kV 高压电工程明挖隧道

1.3.1 流程图

1.3.1.1 沟槽开挖施工工艺流程图

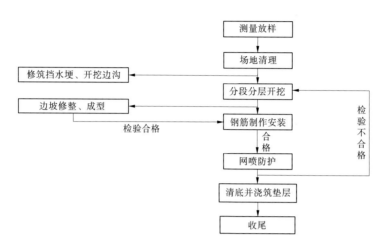

图 1.3.1-1 沟槽开挖施工工艺流程图

1.3.1.2 边坡防护施工工艺流程图

图 1.3.1-2 边坡防护施工工艺流程图

1.3.1.3 箱涵张拉施工工艺流程图

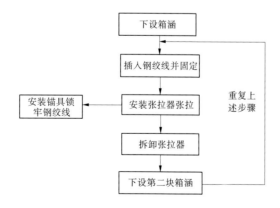

图 1.3.1-3 箱涵张拉施工工艺流程图

1.3.1.4 降水井施工工艺流程图

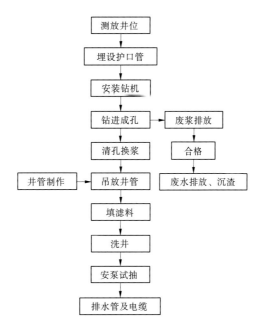

图 1.3.1-4 降水井施工工艺流程图

1.3.1.5 预制箱涵施工工艺流程图

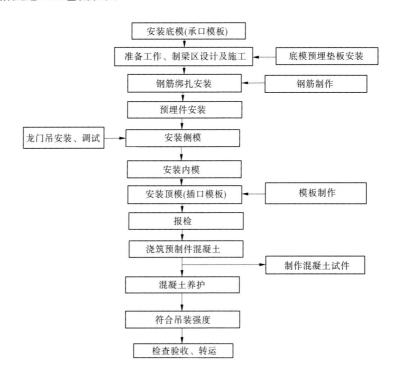

图 1.3.1-5 预制箱涵施工工艺流程图

1.3.2　施工准备

1.3.2.1　测量放样

开挖前，先进行原地面的复测，然后根据审批后的施工方案及施工图纸计算出开挖边线及基底高程，用 GPS 放出开挖边线，并在开挖边线外布置监控点及高程点，以便在机械开挖时随时监控边坡的稳定及开挖深度。

1.3.2.2　地下管线的摸排

在施工前，查阅相关设计图纸及勘测报告，利用管网定位探测仪，查清施工范围内地下各类型管线的走向、埋设数量、深度等，复杂地段，通过人工开挖确定管网情况，并做好记录。

1.3.2.3　地表清理

根据设计图纸要求或者实际情况进行清表，清理地表的耕植土、地表植被、建筑垃圾等不宜作为填料的土层，并运输至指定弃土场。

1.3.3　降、排水

在施工前，应收集当地的水文地质情况，查明当地的地下水动态，根据水文情况确定降、排水方法。

1.3.3.1　地表水排水

（1）在沟槽两侧、基坑四周设置挡水坎及截水沟，防止附近地表水、雨水等进入沟槽、基坑内。

（2）基坑开挖过程中，应预留一定的排水横坡。

（3）沿沟槽、基坑基底边坡坡脚修筑排水沟，排除沟槽、基坑内的地表水及雨水。

（4）沿沟槽基底坡脚修筑集水坑，使排水沟中的水排入集水坑（井）中，集水坑（井）内水泥砂浆抹面，底部铺砾石，防止泥沙堵塞抽水水泵。

（5）用抽水设备将集水坑（井）的水排至基坑外。

（6）雨期施工前应保证排水系统正常。

1.3.3.2　地下水降水

（1）根据地质情况、设计图纸要求及施工方案，确定降水的技术方法及措施。

图 1.3.3-1　管井降水

（2）管井降水施工质量控制要点：

①管井井位布置原则上应在有效范围、满足降水范围内，并避开施工车道；

②管井应圆正、竖直，倾斜度不大于 1°；

③井内的滤料宜采用干净的圆角砾石，沿井孔四周均匀填入，将泥浆挤出井孔；

④成孔后及时进行洗井，洗至砂清水净，孔内水流通畅，洗井完成后，进行试验性抽水；

⑤抽降水期间应每天对抽水设备、运行状况进行维护检查，保证排水设施运行良好；

⑥应注意井口的保护，防止杂物掉入井内。

1.3.4 土方开挖

（1）根据地质条件制订开挖专项施工方案，确定合理的开挖方式、施工顺序、范围、边坡防护措施等；开挖前应按照要求验算沟槽、基坑边坡的稳定性。

（2）机械开挖时由专人指挥，每层开挖深度控制在 2～2.5 m 为宜，严禁超挖或上一层未防护就开挖下一层。

（3）每层开挖后在坡脚设置临时排水沟，开挖断面设置双向坡；同时进行边坡刷坡，清除危石及松动石块；确保沟槽坡度、断面尺寸符合设计及规范要求，坡面平整度在允许偏差 ±20mm 范围内，坡度应符合施工方案的要求。

（4）沟槽的开挖断面应符合设计图纸及施工方案的要求。沟槽基底原状土不得扰动，机械开挖至基底标高以上 200～300 mm 时，应由人工开挖至设计高程，整平。

（5）槽底原状土受扰动或受水浸泡、有杂质土、腐蚀性土等不良土质时，应挖除并按照设计要求进行地基处理。

（6）沟槽开挖施工单位自检合格后，由勘察单位、设计单位、建设单位、监理单位和施工单位五大责任主体联合对沟槽进行验收，并现场签字确认。

图 1.3.4-1　沟槽分层开挖

图 1.3.4-2　沟槽开挖成型

（7）沟槽开挖的允许偏差应符合表 1.3.4-1 的规定。

表 1.3.4-1　沟槽开挖的允许偏差

序号	检查项目	允许偏差（mm）		检查数量		检查方法
				范围	点数	
1	槽底高程	土方	±20	两井之间	3	用水准仪测量
		石方	+20、−200			
2	槽底中线每侧宽度	不小于规定		两井之间	6	挂中线用钢尺量测，每侧计3点
3	沟槽边坡	不陡于规定		两井之间	6	用坡度尺量测，每侧计3点

1.3.5　边坡支护

当土方开挖较深、开挖面裸露时间较长、地下水位较高时,为防止边坡受雨水冲刷和地下水浸入,需采用必要的防护措施,如钢筋网细石混凝土、钢筋网水泥砂浆、钢筋网喷射混凝土、土体加固等。

钢筋网喷射混凝土施工质量控制要点:

(1)混凝土喷射前,应尽量保持坡面的粗糙,以提高喷射混凝土的黏结度。

(2)修整边坡后,埋设泄水孔,根部用反滤层包裹,然后用土工布包扎,另一端用普通布包扎,防止喷射混凝土时封住。

(3)施工过程中为确保混凝土喷射密实,应严格控制混凝土施工配合比,保证原材料的质量,确定合理的风压,保证喷料均匀、连续。

(4)大面积喷射混凝土时,应沿线每隔20~25 m设置伸缩缝,缝宽20 mm,整齐垂直、上下贯通,并用沥青麻絮进行塞缝处理。

(5)洒水养生在混凝土终凝2 h后,设专人进行洒水养生3~7 h,期间发现裂纹应凿除重新喷射。

(6)喷射混凝土过程中应采取安全、防尘措施。

图 1.3.5-1　边坡钢筋网敷设　　　　　1.3.5-2　边坡喷射混凝土

1.3.6　接地装置及垫层浇筑

(1)接地装置质量要求详见本书1.2.5.3条。

(2)沟槽、基坑及接地装置验收合格后,应立即浇筑混凝土垫层,防止基底受到扰动或淋雨、受冻;垫层混凝土要求有防水防冻性能,掺和添加剂。

图 1.3.6-1　接地装置安装

图 1.3.6-2 垫层混凝土浇筑

图 1.3.6-3 垫层混凝土浇筑后养护

1.3.7 预制构件

预制箱涵的场地应平整、清洁、坚实，可浇筑 20 cm 厚 C15 混凝土垫层。

1.3.7.1 钢筋加工与安装

（1）钢筋原材料进场后取样检验合格后方可使用；其规格、加工形状、尺寸均应符合设计要求，加工后的钢筋按照型号、种类分别进行堆放并设置标识牌。

（2）钢筋安装应稳固，且受力钢筋的数量、间距、连接方式、安装位置等必须符合设计要求。

图 1.3.7-1 钢筋原材取样送检

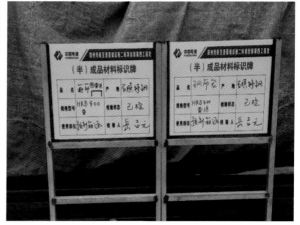

图 1.3.7-2 钢筋分类堆放

1.3.7.2 模板工程

（1）模板及支架的强度、刚度及稳定性需满足受力要求；模板表面应平整、洁净、无破损，采用钢模板应在模板拼装前去除铁锈和油污，并均匀涂刷脱模剂。

（2）模板应接缝紧密、平顺、无错位；安装在模板上的预埋件须牢固，位置准确，并做标记；模板安装后，其结构尺寸、平面位置、顶部标高及纵横向稳定性均应符合设计及规范要求。

1.3.7.3 混凝土工程

（1）混凝土生产前，需由第三方检测机构对配合比进行验证，确保施工配合比满足设计及规范要求。每次混凝土浇筑应按检验批要求商品混凝土厂家提供混凝土质量保证资料，认真核对浇筑部位、混凝土等级、抗渗抗冻等级等，并按照要求对进场的混凝土进行取样。

图 1.3.7-3　钢筋笼加工图

图 1.3.7-4　钢筋笼成型验收

图 1.3.7-5　模板平整度检测

图 1.3.7-6　模板支设完成

（2）箱涵混凝土浇筑采用龙门吊配合吊灌进行浇筑，分层连续浇筑，每层约 30 cm。采用插入式振捣棒及平板振动器进行振捣，振捣时间以混凝土不再显著下沉、不出现气泡、开始泛浆为宜。

1.3.7.4　混凝土预制构件的养护

（1）混凝土预制构件的养护应满足施工方案或生产养护制度的要求：可采用蒸汽养护、湿热养护、喷涂养护剂或潮湿自然养护等方法进行养护。

（2）混凝土养护采用蒸汽养护时，应加强对封闭空间内温度和湿度的控制，根据实际情况每 2 h 测量一次；其中养护期间混凝土静停时间不宜少于 2 h，升温速度不宜超过 25 ℃/h，降温速度不宜超过 20 ℃/h，最高温度和恒定温度不宜超过 65 ℃；当混凝土构筑物强度达到规定要求值，且混凝土表面与外界温差不大于 20 ℃时，可撤掉养护膜，停止养护。

1.3.7.5　其他要求

（1）预制箱涵混凝土强度达到设计要求的 75% 后方能拆模，达到 80% 时方能装车调运；拆模及调运过程中应采取成品保护措施。

图 1.3.7-7　预制箱涵浇筑及抗压、抗渗试块取样

图 1.3.7-8　预制箱涵覆盖洒水养护

（2）预制箱涵外观质量不得有严重缺陷，且不得有影响结构性能和安装、使用功能的尺寸偏差；若出现外观质量缺陷应及时进行修复。

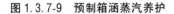
图 1.3.7-9　预制箱涵蒸汽养护

图 1.3.7-10　预制箱涵成品存放

（3）预制箱涵完成后应喷涂相应的标识，标识上应包括建设单位、施工单位、监理单位、产品名称、产品规格、生产日期等。

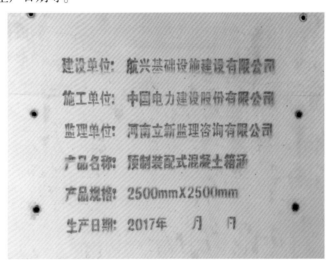

建设单位：航兴基础设施建设有限公司

施工单位：中国电力建设股份有限公司

监理单位：河南立新监理咨询有限公司

产品名称：预制装配式混凝土箱涵

产品规格：2500mm×2500mm

生产日期：2017年　月　日

图 1.3.7-11　预制箱涵喷涂标识

1.3.8 箱涵吊装

1.3.8.1 吊装前准备

汽车吊安装区域应进行地基承载力检测及验算，若不满足验算要求，须进行换填、加固处理；安装前应对工人进行技术交底，要求严格按照施工方案及安全保障措施进行施工。

1.3.8.2 箱涵吊装施工工艺流程

清理构件承插口→清理胶圈→上胶圈→汽车吊就位→吊装→初步对口找正→顶装接口→检查中线、高程→用探尺检查胶圈位置→落件。

图 1.3.8-1 预制箱涵拼装前技术交底

1.3.8.3 质量控制要点

（1）预制箱涵为承插口柔性连接时，应先将承插口清除干净，然后安装设计要求的橡胶止水胶条，橡胶止水胶条安装过程中应保证位置正确，无卷曲、破损、飞边等现象；并在承插口均匀涂刷润滑剂，使管口光滑，便于滑进。

（2）预制箱涵对管前将箱涵内外清理干净，采用边线法和中线法控制箱涵中心线及内底高程。

图 1.3.8-2 安装橡胶止水胶条

图 1.3.8-3 预制箱涵吊装定位

（3）吊装前应参照起重机的具体臂长、幅度、工作半径等参数进行吊装施工；起重机的起重臂最大仰角不得超过规定值；预制件吊点要牢固平稳，当满荷载重时，箱涵吊起离原有承载面 20~30 cm 时应制动；起重机机身应平稳，吊点应牢固，起吊和转向速度应均匀，预制件平稳；预制件下落时应慢速轻放，禁止或快或慢和突然制动。

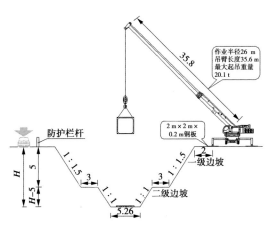

图 1.3.8-4　预制箱涵吊装示意图

图 1.3.8-5　承插口定位对接

1.3.9　箱涵张拉施工

相邻两件预制箱涵四角采用钢绞线进行连接，张拉与箱涵吊装同时进行，每吊装一件张拉一件。

1.3.9.1　基本要求

（1）预应力钢筋张拉作业人员应经培训考试合格后，持证上岗。

（2）张拉时，预制箱涵的混凝土强度必须符合设计规定，设计无规定时，不得低于设计值的 80%。

（3）预应力筋、锚具、夹具等原材进场时，应及时取样送检，经检测合格后方能使用。

（4）预应力筋张拉机具及压力表应配套标定使用，且在使用前应有标定证书，保证仪器运行良好。

（5）张拉前连接面、承插口、张拉槽等应清理干净。

1.3.9.2　质量控制要点

（1）安装锚具、千斤顶和工具锚时，应保证三者与锚垫板垂直。

（2）箱涵张拉均为一端张拉，施加预应力时左右两侧应同时进行，确保均匀受力，每次张拉应有完整的原始张拉记录。

（3）此箱涵张拉主要起预制构件相互连接作用，不承受相应的应力，所以在施工过程中充分保证设计要求的张拉力即可，确保箱涵之间连接紧密。

（4）张拉过程中预应力筋断丝、滑丝的数量不得超过规范要求。

（5）预应力筋张拉完成后，预应力筋的内缩量应满足设计及规范要求。

千斤顶标定报告

检定依据:	JJG621-2012
受检设备:	液压千斤顶
检定仪器:	TL 传感器-40t
仪器校准:	中国计量科学研究院
委托单位:	河南中之恒机械设备租赁有限公司
工程名称:	
标定日期:	2018 年 3 月 20 日

河南精试预应力金属结构检测有限公司
开封市天力桥建研究所

图 1.3.9-1　千斤顶报告证书

图 1.3.9-2　箱涵两侧同时张拉

图 1.3.9-3　箱涵安装完成效果图

1.3.10　箱涵防水及填缝施工

箱涵表面应按设计要求做好防水层施工，箱涵的连接缝应按设计要求填充密实。如防水层为防水砂浆抹面，应符合下列要求。

1.3.10.1　基本要求

（1）工程所用的材料应有产品合格证书、产品性能型式检验报告，质量应符合国家现行有关标准的要求。水泥、外加剂、填缝材料等除上述要求外，还应按相关要求取样送检，合格后方能正式使用。

图 1.3.10-1　填缝材料试验检测报告

河南省建科院工程检测有限公司

混凝土抗冻防水合金粉检验报告 见证取样 ZJZ01052

共 1 页　第 1 页

委托编号：20816　　　　　　　　　　　报告编号：2018-10A-0085

委托单位：郑州航空港区航兴基础设施建设有限公司

工程名称：郑州航空港经济综合实验区 2016～2018 年片区城市基础设施一级开发建设项目
施工总承包（第二标段）

见证单位：河南立新监理咨询有限公司

检验类别：见证取样　　　　　　　　　　收样日期：2018-04-23

样品种类：/　　　　　　　　　　　　　检验日期：2018-04-26

施工单位：中国电力建设股份有限公司　　报告日期：2018-05-29

检验依据：JC/T 474-2008 DBJ41/T169-2017　代表批量：50t

工程部位：港南 220KV 输电线路工程　　　批　　号：HJF20180415

生产厂家：河南科丽奥高新材料有限公司

检验项目		技术指标	检验结果	单项评定
渗透高度比（%）		≤30	30	合格
净浆安定性		合格	合格	合格
抗压强度比（%）	28d	≥100	102	合格
泌水率比，%		≤70	44	合格
凝结时间差，min		≥-90	-25	合格
结　论	依据 JC/T 474-2008 标准检验，所检项目符合技术指标要求。			
备　注	见证人：贾浩鹏　　掺量：5% 取样人：叶永宁 报告无"检测报告专用章"无效； 报告无签发、审核、检验人签字无效； 对本检验报告如有异议，应在收到报告 5 日内以书面形式向本单位提出。			

检验单位地址：郑州市金水区丰乐路 4 号　　电话：0371-63946087

签发：　　　审核：郑玉林　　检验：崔艳玲　　检验单位（盖章）

图 1.3.10-2　外加剂试验检测报告

（2）防水砂浆应采用机械搅拌，并在拌和厂内设置配合比标识牌及称量设备，确保每盘砂浆计量准确，搅拌均匀，颜色一致。

（3）防水砂浆的拌和时间不得少于设计及规范要求。

（4）填缝材料施工前应将缝隙内的灰尘、杂物清理干净。

1.3.10.2　质量控制要点

（1）抹灰前应将箱涵外表面的尘土、污垢、油渍等清除干净，喷浆毛化后及时洒水湿润养护，避免形成干缩裂缝。

（2）抹灰严禁一次成型，应在底层抹灰面强度达到 60%～70% 后方可抹面层灰，抹面层灰前应洒水湿润，确保面层底层之间黏结牢固。

（3）预制箱涵接缝处的防水层施工应先挂网，再抹防水砂浆，增加接缝处整体性，防止接缝处由于外力原因产生裂缝。

（4）防水砂浆抹面后要求表面光滑平整，无脱层、空鼓、爆灰和裂缝等现象，且厚度应该满足设计及规范要求。

（5）砂浆拌制后应尽快使用，若砂浆放置时间超过初凝期应废弃重新拌制。

（6）抹灰结束后应及时进行覆盖洒水养护，避免出现干缩裂缝。

（7）填缝材料应按使用说明书拌和均匀，填缝施工应防止污染箱涵表面，抹缝完成后应保证填缝密实、平整，与箱涵黏结紧密、无裂缝。

图 1.3.10-3　预制箱涵表面喷浆毛化

图 1.3.10-4　接缝处挂网

图 1.3.10-5　防水砂浆厚度检测

图 1.3.10-6　接缝处防水砂浆加厚抹面

图 1.3.10-7　防水砂浆养护

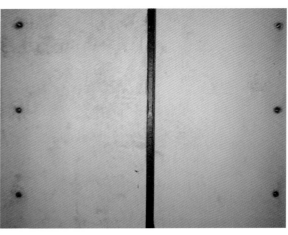

图 1.3.10-8　箱涵内接缝处填缝

1.3.11　土方回填

（1）回填前，沟槽、土方内杂物应清除干净。

（2）回填材料应符合设计图纸及规范要求，不得带水回填。

（3）回填材料的压实遍数、松铺厚度、含水量等经现场试验确定。

（4）土方回填应分层、水平压实，每层压实厚度不应大于 20 cm，每层回填完成后，必须进行压实度检测，检测合格后方能回填下一层。

（5）土方回填过程中应加强成品保护工作，确保机械或机具不得碰撞箱涵结构及防水保护层，箱涵两侧及顶部 0.5 m 范围内及地下管线周围应采用人工使用小型机械分层夯实，且箱涵两侧应对称回填，回填高差不超过 0.5 m，避免箱涵发生破损或位移。

（6）分段回填时，相邻的施工段接槎应预留台阶，每层台阶宽度不得小于 1 m，高度不得大于 0.5 m。

（7）沟槽、基坑回填碾压过程中，应取样检查回填土密实度。机械碾压时，每层填土按沟槽长度 50 m 或沟槽面积为 1 000 m² 时取一组；人工夯实时，每层填土按沟槽长度 25 m 或沟槽面积为 500 m² 时取一组；每组取样点不得少于 6 个，其中部和两边各取 2 个。遇有填料类别和特征明显变化或压实质量可疑处应增加取样点位。

（8）沟槽、基坑回填碾压密实度应满足地面工程设计要求，如设计无要求，应符合表 1.3.11-1 的规定。

表 1.3.11-1　沟槽、基坑回填碾压密实度值　　　　　　　　　　　　　　（%）

基础底以下高程（cm）	最低密实度				
	道路			地下管线	农田或绿地
	快速和主干路	次干路	支路		
0~60	95/98	93/95	90/92	95/98	87/90
60~150	93/95	90/92	90/92	87/90	87/90
>150	87/90	87/90	87/90	87/90	87/90

注：表中分子为重锤击实标准，分母为轻锤击实标准，两者均以相应的击实试验法求得的最大密实度为100%。

图 1.3.11-1　箱涵两侧分层回填、夯实

图 1.3.11-2　箱涵回填压实度检测

1.4 220 kV 高压电工程浅埋暗挖隧道

1.4.1 降水工程

1.4.1.1 施工前准备

施工前对降水范围内的地质情况进行勘测，并根据降水深度、含水层岩性和渗透性等确定降水施工方案。

1.4.1.2 管井降水

（1）管井降水施工工艺流程。

测放井位→埋设护口管→安装钻机→钻进成孔→清孔换浆→吊放管井→填滤料→洗井→按泵试抽→正式投入使用

（2）管井降水施工质量控制要点。

①测放井位：按照设计图纸或方案要求测量放样出井位，误差不超过 10 cm。管井布置应在降水有效范围内，且避开行车道。

②埋设护口管：护口管插入原状土层中，高出地面 0.30 m，用黏性土和草甸子封严。

③安装钻机：钻机对准孔位水平、正直的架设。

④钻进成孔：开孔孔径应符合设计要求，且钻进成孔的垂直度不大于 1°。

⑤清孔换浆：钻孔完成后，进行清孔换浆，保证孔底沉渣小于 30 cm，泥浆比重符合设计要求。

⑥吊放管井：在井管下部包缠尼龙网，采用钻机卷扬下管，垂直居中，不偏不斜。

⑦填滤料：井管下入后立即填入滤料，沿井孔四周均匀填入，保持连续，将泥浆挤出井孔。滤料要求为 3~15 mm 干净砾石，杂质含量不大于 3%。

⑧洗井：成孔后及时进行洗井，洗至砂清水净，孔内水流通畅。

⑨管井正常运行：洗井完毕后，下泵试抽正常后即可投入使用；抽降水期间应进行维护检查，保证抽排水设施运行良好。

⑩井内水位及防护：井内水位随开挖逐步控制在开挖深度以下 1 m；应注意井口的保护，防止杂物掉入井内。

1.4.1.3 轻型井点降水

（1）轻型井点降水施工工艺流程。

井点沟槽放线、开挖→安装埋设井点管→布设安装总管→井点管与总管连接→安装抽水设备→试抽与检查→正式投入使用。

（2）轻型井点降水施工质量控制要点。

①井孔应垂直，孔径、孔深应符合设计图纸要求。

②井管连接后应成直线，井管平面位置偏差不大于 20 cm，井管管顶的偏差不大于 10 cm。

③管路系统的连接部分均应安装严密，不得漏气、漏水或渗水；真空度、工作水压力均应达到规定要求；且严禁堆放杂物，以便检查其出水和渗水情况。

④降水期间，井管的有效率应达到总数的 95% 以上，且连续 5 根井管的失效井管不得超过 2 根，相邻 2 根井管不得同时失效，关键部位的井管不得失效。

⑤井管的灌砂量应符合规定要求，实际灌砂量不得小于计算灌砂量的 95%。井管上口封土要严密。

⑥总管连接至洞外蓄水池。

图 1.4.1-1　管井降水

1.4.1.4　其他要求

在基坑沟槽两侧红线范围内砌筑蓄水池,将降水井内的水用双壁波纹管汇集到蓄水池内,用于喷淋、便道施工洒水和养护洒水。

施工期间,应不间断地进行降水,合理控制降水速度,使地下水位不高于基底以下 1.0 m,保证降水效果及周边构筑物的安全。

降水结束后,降水井应及时回填,回填材料应符合设计及规范要求。

1.4.2　测量放样

1.4.2.1　一般规定

(1) 施工单位对建设单位提供的控制点进行复核测量,测量成果报监理工程师批准后方可进行工程测量。

(2) 供施工测量用的控制桩,应注意保护,经常校测,保持准确。雨后或受到碰撞、遭遇损害时,应及时校核。

1.4.2.2　施工竖井的测量放线

采用全站仪、GPS 放样出竖井中心点及开挖边线,并在开挖边线外布置监控点及高程点,以便在机械开挖时随时监控基坑的稳定及开挖深度。

1.4.2.3　隧道监控量测

(1) 隧道掘进开挖施工时轴线的控制主要依据地面设置的控制点,采用全站仪放样至竖井底部中心点后引入隧道。

(2) 坐标点引入隧道后采用激光投点仪投点,激光投点仪架设于隧道顶部测设的控制点位上,控制隧道的轴线方向及开挖尺寸。

(3) 隧道掘进过程中使用全站仪定期校核隧道的断面尺寸及开挖中心线。

(4) 隧道的监控应符合专项施工方案的相关要求。

图 1.4.2-1　竖井放样

图 1.4.2-2　隧道全站仪定位

图 1.4.2-3　激光仪投点放样

1.4.3　竖井施工

（1）竖井应根据现场条件，宜利用通风道、车站出入口，单独或在隧道顶部设置。

（2）竖井结构应根据地质、环境条件等，采用地下连续墙、钻孔灌注桩或逆筑法等结构形式，并按相应的标准施工；本章节主要介绍钻孔灌注桩的相关要求。

（3）竖井施工前应设置防雨棚，井口周围应设防汛墙和栏杆。

1.4.3.1　围护桩

（1）围护桩施工工艺流程。

（2）围护桩施工质量控制要点。

①平整场地后，根据设计桩位，确定钻孔中心位置，采用十字护桩法护桩。

②护筒的壁厚、材质、埋设深度应符合设计要求，护筒顶面宜高出施工地面 30 cm，埋设后钻孔前应对护筒顶标高和中心位置进行复核，护筒顶面中心与设计桩位偏差不大于 5 cm，倾斜度不大于1%。

③钻孔完成后应检查成孔质量，保证其孔深、孔型、孔径及沉渣厚度符合要求。

图 1.4.3-1 竖井防雨棚

④钢筋加工时，使用检测合格的钢筋原材按照设计图纸进行加工；钢筋安装时，钢筋的品种、规格、数量、形状均符合设计要求，钢筋的接头位置、同一截面的接头数量、搭接长度均应符合设计和规范要求。

⑤灌注混凝土采用的导管宜为直径为 200~250 mm 的多节钢管，管节连接紧密、牢固，使用前试拼，并进行水密承压及接头抗拉试验，水密承压试验的水压宜为孔底静水压力的 1.5 倍。

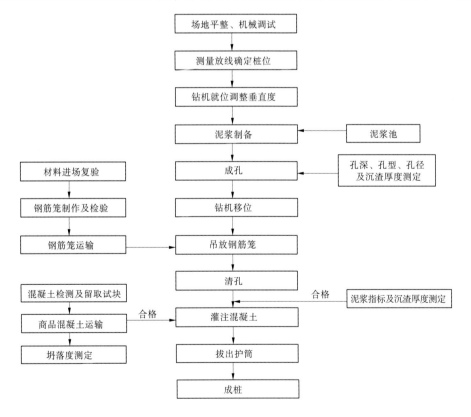

图 1.4.3-2 围护桩施工工艺流程图

图 1.4.3-3　十字护桩法校核桩位

图 1.4.3-4　钢筋笼验收

⑥混凝土灌注时导管底端距孔底应保持 300～500 mm，灌注过程中根据实测埋管深度分节拆除导管，导管埋深宜为 2～6 m，导管吊放和提升不得碰撞钢筋笼；为确保桩顶质量，在桩顶设计标高以上加灌 0.5～1.0 m。

⑦灌孔混凝土必须有良好的和易性，配合比应经试验确定，细骨料宜采用中粗砂，粗骨料宜采用粒径不大于 40 mm 的卵石或碎石；在浇筑前检查混凝土坍落度，并随机进行取样，确保混凝土质量。

⑧混凝土应连续一次灌注完毕，并保证密实度；灌注完成后应及时检查桩顶标高，确保桩长符合设计要求；同一竖井的围护桩应采用跳孔顺序施工。

图 1.4.3-5　导管水密试验

图 1.4.3-6　混凝土灌注

1.4.3.2　竖井施工工艺流程图

1.4.3.3　竖井开挖

（1）在围护桩及冠梁施工完成后且其强度达到设计要求后进行竖井开挖施工；开挖到水位线附近土层前，先进行管井降水施工，待水位降至竖井底部设计标高 1 m 以下后进行竖井的施工。

（2）竖井土方采用自上而下分层、分段依次开挖，先挖竖井中部，以竖井中心对称分侧分块开挖，一侧喷混凝土支护后另一侧方能开挖；弃方先堆放在开挖面中部，再由竖井提升系统提升至井口，采用自卸汽车运至弃土场。

1.4.3.4　竖井围护桩间支护

混凝土灌注桩结构内侧桩间采用"钢筋网片+连接筋+喷射混凝土"的支护体系，冠梁底部至基坑

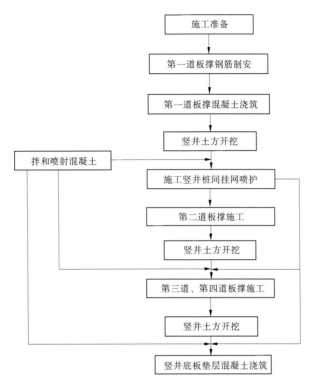

图 1.4.3-7 竖井施工工艺流程图

底部之间采用挂网喷射混凝土。钢筋网片在钢筋加工厂按设计图纸要求加工，运输至施工现场安装。喷射混凝土采用潮喷法施工。当桩间有出水点时，采用堵漏措施堵水后再进行喷混凝土作业。

（1）钢筋网铺设应符合下列规定：

①钢筋网在钢筋加工厂加工，现场由人工携榔头固定在桩间土基面上；

②铺设应平整，采用双层钢筋网时，应在第一层铺设好后再铺设第二层；

③每层钢筋网之间应搭接牢固，且搭接长度不应小于 200 mm。

图 1.4.3-8 竖井开挖　　　　　　　图 1.4.3-9 竖井钢筋网铺设

（2）喷射混凝土施工工艺。

施工准备→施喷面清理→砂石、水泥、水计量配备→拌和→加速凝剂、现场施喷→综合检查。

（3）喷射混凝土应掺速凝剂，原材料应符合设计及规范要求。

图 1.4.3-10 速凝剂试验报告

（4）喷射混凝土的喷射机应具有良好的密封性，输料连续均匀，输料能力应满足混凝土施工的要求。

（5）混合料应搅拌均匀并符合下列规定：

①混凝土施工前，需由有资质的检测机构对配合比进行验证，确保施工配合比满足设计及规范要求。

②原材料称量允许偏差为：水泥和速凝剂±2%，砂石±3%。

③运输和存放中严防受潮，大块石等杂物不得混入，装入喷射机前应过筛，混合料应随伴随用，存放时间不应超过 20 min。

（6）喷射混凝土前应清理场地，清扫受喷面；检查开挖尺寸，清除浮渣及堆积物；埋设控制喷射混凝土厚度的标志；对机具设备进行试运转，就绪后方可进行喷射混凝土作业。

（7）喷射混凝土应符合下列要求：

①每次喷射的厚度为：边墙 70~100 mm，拱顶 50~60 mm。

②分层喷射时，应在前一层混凝土终凝后进行，如终凝 1 h 后再喷射，应清洗喷层表面。

③喷嘴与受喷面保持垂直，距受喷面 0.6~1.0 m。掌握好风压，减少回弹和粉尘，喷射压力 0.15~0.2 MPa；喷层混凝土回弹量，边墙不宜大于 15%，拱部不宜大于 25%。

④严格控制水灰比，使喷层表面平整光滑，无干斑或滑移流淌现象。

⑤喷射混凝土施工区气温和混合料进入喷射机温度均不得低于 5 ℃；喷射混凝土 2 h 后应养护，养护时间不应少于 14 d，当气温低于 5 ℃时，不得喷水养护；喷射混凝土低于设计强度的 40%时不得受冻。

（8）喷射混凝土结构试件制作及工程质量应符合下列规定：

①抗压强度和抗渗压力试件制作组数：同一配合比、同一区间或小于其断面的结构，每 20 m 拱和墙各取一组抗压强度试件，抗渗压力试件区间结构每 40 m 取一组。

②喷层与围岩及喷层之间黏结应用锤击法检查。对喷层厚度，区间或小于区间断面的结构每 20 m 检查一个断面。每个断面从拱顶中线起，每 2 m 凿孔检查一个点。断面检查点 60% 以上喷射厚度不小于设计厚度，最小值不小于设计厚度的 1/2，厚度总平均值不小于设计厚度时，方为合格。

③喷射混凝土应密实、平整、无裂缝、脱落、漏喷、漏筋、空鼓、渗漏水等现象。平整度允许偏差为 30 mm，且矢弦比不应大于 1/6。

（9）竖井初期支护完成后应按设计及施工方案要求设置围檩，使初期支护形成一个整体支护结构，确保支护稳固，围檩应随竖井二次衬砌施工逐步拆除。

图 1.4.3-11　竖井喷射混凝土

图 1.4.3-12　竖井围檩施工

1.4.3.5　竖井二次衬砌施工

（1）施工工艺。

施工准备→底板及 30 cm 高边墙混凝土浇筑→底部横向环梁混凝土浇筑→第四道围檩以下边墙及环梁混凝土浇筑→第四道围檩拆除→第三道围檩以下边墙及环梁混凝土浇筑→第三道板围檩拆除→第二道围檩以下边墙及环梁混凝土浇筑→第一道围檩拆除→施工竖井二衬至设计高程→圈梁混凝土浇筑。

（2）钢筋加工与安装。

①钢筋进场时按批量和型号分批验收，验收内容包括对标志、厂家、品种、数量、外观等，并按规定取样做力学性能试验，试验合格后方能使用，钢筋应严格按照设计图纸及规范要求进行加工；

②钢筋的品种、规格、数量、位置、间距、连接方式、接头位置、接头数量等必须符合设计及规范要求；

③控制钢筋保护层厚度的垫块尺寸正确、布置合理、支垫稳固。

（3）模板、支架安装及拆除要求。

①施工竖井二衬模板可按施工方案要求采用竹胶板或钢模板，模板的支撑体系应牢固，模板之间的缝隙粘贴双面胶带，确保混凝土在振捣过程中不漏浆。为保证模板顺利拆除及混凝土外观质量，模板上应均匀涂抹脱模剂。

②模板的拆除期限应根据结构物特点、模板部位和混凝土所达到的强度等级来决定。非承重竖井边墙侧模应在混凝土强度能保证其表面棱角不致因拆模而受损坏时方可拆除，一般应在混凝土抗压强度达到 2.5 MPa 时拆除模板。

图 1.4.3-13　竖井二衬钢筋绑扎及验收

③支架拆除遵守由上而下，先搭后拆的原则，支架拆除分两阶段进行，先从跨中对称支架，再对称从跨中向两端进行拆除。

（4）混凝土浇筑及养护要求。

①混凝土宜采用商品混凝土，进场时按要求进行坍落度试验检测，混凝土浇筑时严格按照方案要求顺序进行，泵车浇筑时应尽可能接软管，以减小混凝土的下料高度，确保下料的最大高度不超过 2 m，浇筑过程中严禁混凝土直接冲击侧模。

②竖井边墙混凝土振捣时，严禁振捣棒碰撞模板。振捣要本着"快插慢拔"的原则，避免漏振和过振，以混凝土表面开始翻浆并无大气泡翻出为振捣结束的标准。

③应按照施工方案要求分仓进行浇筑，施工缝需按照规范要求进行设置。

④混凝土浇筑后按要求进行保温、保湿养护。

图 1.4.3-14　竖井二衬模板安装　　　　　　图 1.4.3-15　竖井二衬混凝土浇筑

1.4.4　暗挖隧道施工

隧道施工过程中应遵循"先排水、管超前、严注浆、短开挖、强支护、快封闭、勤测量"的原则，开挖一个循环支护一个循环，保证施工安全及施工质量。

（1）先排水：在施工前和施工中采取相应的防排水措施，尽可能将隧道外的水堵截于隧道之外。

（2）管超前、严注浆：开挖前打设超前导管，并注浆加固土层，然后再开挖。

（3）短开挖：各工序间的距离要尽量缩短，以减少开挖面暴露时间。

（4）强支护：每步开挖后要及时进行初期支护，确保支护结构有足够的强度。

（5）快封闭：初期支护须紧跟开挖工作面进行，力求初期支护尽快成环。

（6）勤量测：加密监控测量频率，发现围岩变形较大或异状，立即采取有效措施及时处理隐患。

暗挖隧道施工工艺流程如下：

施工拱部小导管，并注浆加固地层→台阶法开挖上半断面，上半断面预留核心土，施作初期支护，台阶处打设两根锁脚锚管→台阶法开挖上半断面预留核心土→开挖下半断面，施作初期支护，初期支护封闭成环→分段敷设底板防水层，浇筑仰拱二衬→分段敷设侧墙及拱部防水层，浇筑侧墙及拱部二衬

1.4.4.1　超前小导管支护及加固

在开挖隧道前，按照设计和方案要求进行土层超前支护及加固。

（1）超前小导管施工工艺流程。

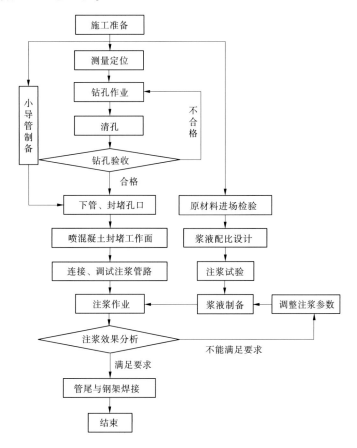

图 1.4.4-1　超前小导管施工工艺流程

（2）超前小导管质量控制要点：

①测量确定孔位，沿隧道拱部轮廓线外侧均匀设置，其间距、孔位、孔深、孔径等均符合设计要求或经计算确定；导管安装前应将工作面封闭严密、牢固，清理干净。

②超前小导管应采用顺直、长度 3~5 m、直径 40~50 mm 的钢管，前端做成尖锥形，管壁每隔 30 cm 钻眼作溢浆孔。

③小导管采用钻孔施工时，其孔眼深度应大于导管长度；采用锤击或钻机顶入时，其顶入长度不应小于管长的 90%。

④钻孔时应由高孔位向低孔位跳孔顺序进行，孔径比钢管外插角允许偏差为5‰，钻孔合格后应及时安装钢管。

图1.4.4-2　超前小导管进场验收　　　　　图1.4.4-3　超前小导管加工成型

⑤注浆前应进行压力试验，并根据地质情况、试验结果和设计要求确定注浆量、注浆压力等参数；注浆浆液宜采用水泥或水泥砂浆，浆液配合比经现场试验确定；若条件允许可在地面进行，也可在洞内沿周边超前预注浆，或导洞后对隧道周边进行径向注浆。

图1.4.4-4　超前小导管顶入长度量测　　　　图1.4.4-5　超前小导管布设

⑥注浆材料需具有良好的可注性，固结后收缩小，具有良好的黏结力和一定强度、抗渗、耐久和稳定性，无毒并对环境污染小，且注浆工艺简单，操作方便、安全。

⑦注浆应有序，自一端起跳孔顺序注浆，并观察浆液有无串孔现象，浆液不得溢出地面及超出有效注浆范围。

⑧注浆过后应对注浆效果进行检查，不合格的及时补浆；注浆结束后，注浆孔应封填密实。

⑨注浆浆液达到设计强度后方可开挖，开挖过程中应注意观察浆液扩散情况，观察地层是否达到了有效固结，以便修正下一循环注浆参数。

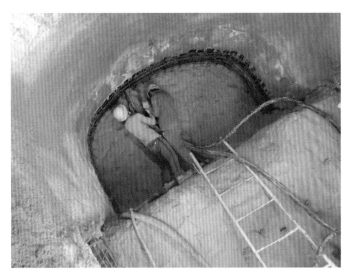

图 1.4.4-6　超前小导管注浆

1.4.4.2　隧道开挖

隧道开挖方法有全断面法、台阶法、中隔壁法、单侧壁导洞法、双侧壁导洞法、双侧壁边桩导洞法、环形开挖预留核心土法等，应根据地质、覆盖层厚度、结构断面及地面环境条件、经济技术等方面选择开挖方法。

（1）一般要求。

①隧道开挖循环进尺，在土层和不稳定岩体中为 0.5~1.2 m，在稳定岩体中为 1~1.5 m。

②隧道开挖应按设计尺寸严格控制开挖断面，不得欠挖，超挖偏差值符合表 1.4.4-1 的要求。

表 1.4.4-1　隧道允许超挖值　　　　　　　　　　　　　　　　　（单位：mm）

隧道开挖尺寸	岩层分类							
	爆破岩层						土质和不需要爆破岩层	
	硬岩		中岩层		软岩		平均	最大
	平均	最大	平均	最大	平均	最大		
拱部	100	200	150	250	150	250	100	150
边墙及仰拱	100	150	100	150	100	150	100	150

③同一条隧道相对开挖，当工作面相距 20 m 时应停挖一端，另一端继续开挖，并做好测量工作，及时纠偏。

④台阶法施工，在拱部初期支护结构基本稳定且喷射混凝土达到设计要求的强度时，方可进行下部台阶开挖，并符合以下规定：

a. 边墙采用单侧或双侧交错开挖，不得使上部结构同时悬空；

b. 一次循环开挖长度，稳定岩体不应大于 4 m，土层和不稳定岩体不应大于 2 m；

c. 边墙挖至设计高程后，必须立即支立钢筋格栅拱架并喷射混凝土；

d. 仰拱应根据监控量测结果及时施工。

⑤隧道采用分布开挖时，必须保持各开挖阶段围岩及支护结构的稳定性。

⑥通风道、出入口等横洞与正洞相连或变断面、交叉点等隧道开挖时，应采取加强措施。

（2）隧道台阶法开挖工艺流程。

序号	图示	施工步骤描述
1	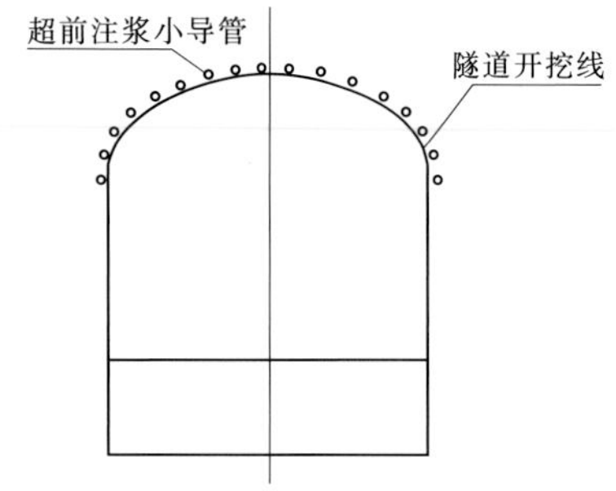	第一步：施作超前支护，打设超前小导管，并注浆加固地层
2	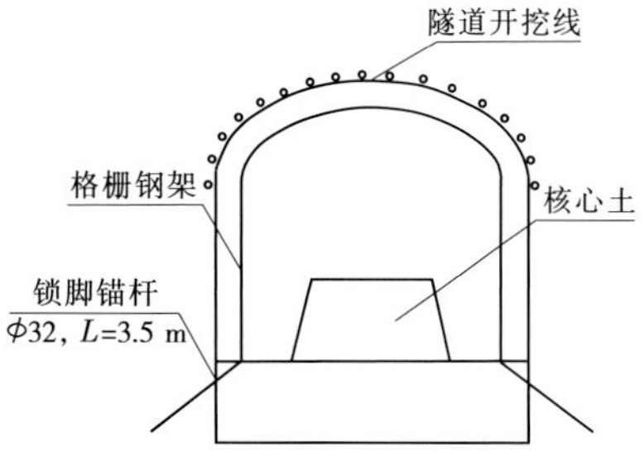	第二步：人工开挖上半断面，上半断面预留核心土，架立上半断面钢格栅→打设锁脚锚杆→安装钢筋网片→喷射混凝土
3	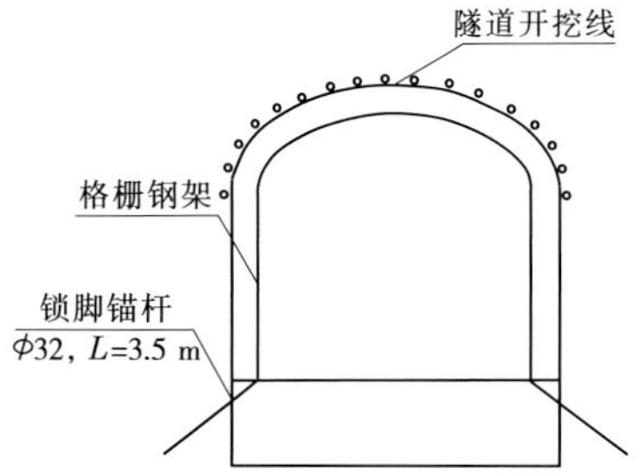	第三步：人工开挖上半断面预留核心土
4	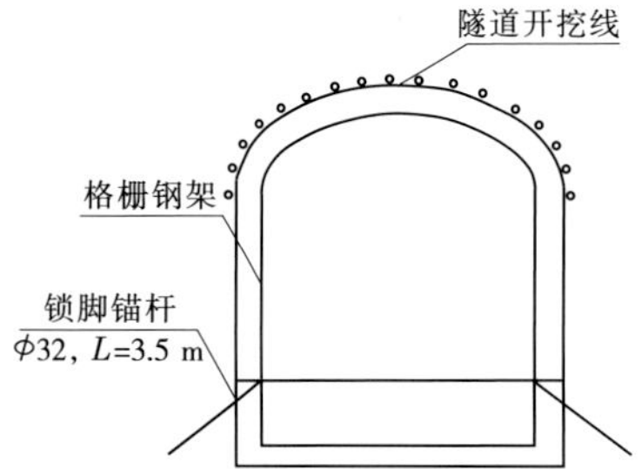	第四步：人工开挖下半台阶（待上半台阶进尺2~3m后进行），架立下半断面钢格栅→格栅钢架连接→安装钢筋网片→喷射混凝土

图1.4.4-7 环形开挖预留核心土法施工示意图

（3）隧道开挖质量控制要点。

①开挖必须保证在无水的条件下进行，如果在开挖过程中遇到大量渗水和涌水，必须立即停止开挖，并及时封闭掌子面，对开挖前方土体进行预注浆加固。

②每一开挖循环结束后，必须进行开挖尺寸检查，保证净空尺寸符合设计要求。为了减少土体的暴露时间，防止坍塌，必要时要喷射混凝土进行掌子面封闭。

③每一循环开挖过程中，必须对地质情况做记录，并对比设计图纸地质情况，如与设计不符，或地质变化情况较大，必须报与监理及相关部门，必要时应进行超前地质勘探。

图 1.4.4-8　隧道分台阶开挖

④隧道开挖时必须保持各开挖阶段土体及支护结构的稳定性。在拱部初期支护结构基本稳定后方可进行下一部的开挖。

⑤在施工过程中加强施工监测管理并根据监测反馈结果调整循环进尺和台阶间距。

⑥过路段采用洞内轻型井点降水施工，先施工上半部分，完成后再施工井点抽水，待水位下降后，再开挖下半部分。

单位工程名称	郑州航空港区南220 kV输电线路隧道工程新苑–港南							
分部工程名称	暗挖隧道	施工部位	K1+053.000~K1+063.000					
施工单位	中国电力建设股份有限公司	项目经理	晏湘岳					
岩面检查		顺次	合格					
允许值		≥100 mm	合格					
附草图(或照片):		1	K1+053		侧墙			拱顶		
				设计	实测	偏差	设计	实测	偏差
				3 600	3 678	78	4 100	4 156	56
				3 600	3 665	65	3 700	3 758	58
				3 600	3 684	84	3 700	3 762	62

图 1.4.4-9　隧道开挖断面检查记录

1.4.4.3　初期支护

（1）钢筋格栅、钢筋网加工及架设。

①钢筋格栅和钢筋网宜在工厂加工，钢筋格栅第一榀制作好后应试拼，经检验合格后方可进行批量生产；其采用的钢筋种类、型号、规格应符合设计要求，其施焊应符合设计及钢筋焊接标准的规定。

②钢筋格栅加工后拱架应圆顺，直墙架应直顺，组装后应在同一平面内，允许偏差在规范规定范围内；钢筋格栅安装时基面应坚实并清理干净，必要时应进行预加固；钢筋格栅应垂直于壁面，允许偏差符合要求；钢筋格栅与壁面应楔紧，每片钢筋格栅节点及相邻格栅纵向必须分别连接牢固。

③钢筋网加工的允许偏差在规范规定范围内，钢筋网铺设应符合以下规定：钢筋格栅铺设应平整，并与格栅或锚杆连接牢固；钢筋格栅采用双层钢筋网时，应在第一层铺设好后再铺第二层；每层钢筋网之间应搭接牢固，且搭接长度不应小于 200 mm。

图 1.4.4-10　格栅钢架加工验收

图 1.4.4-11　格栅钢架安装

（2）喷射混凝土。

①喷射混凝土原材应符合相关规范要求：水泥优先选用普通硅酸盐水泥，性能符合现行水泥标准；细骨料采用坚硬而耐久的中砂或粗砂，细度模数大于 2.5，含水量为 5%～7%；粗骨料采用坚硬耐久的卵石或碎石，粒径不宜大于 15 mm，含水量为 1%～2%；粗细骨料级配应按国家标准控制，使喷射混凝土密实且在输送管道中顺畅；水采用饮用水；使用的速凝剂质量合格，与混凝土相容性良好，喷到土面后迅速凝固。

②混凝土配合比应经试验后确定，且应搅拌均匀，随拌随用，存放时间不超过 20 min。

③喷射混凝土的机具应具有良好的密封性，输料连续均匀，输料能力应满足混凝土施工的需要。

④喷射混凝土前应清理场地，清扫受喷面；检查开挖尺寸，清除浮渣及堆积物；埋设控制喷射混凝土厚度的标志；对机具设备进行试运转；准备就绪后方可进行喷射混凝土作业。

图 1.4.4-12　格栅钢架、钢筋网验收

图 1.4.4-13　喷射混凝土厚度标志埋设及检查

⑤喷射混凝土作业应紧跟开挖工作面，分片依次自下而上进行，先喷钢筋格栅与壁面间混凝土，然后喷两钢筋格栅之间混凝土；边墙每次喷射厚度为 70～100 mm，拱顶每次喷射厚度为 50～60 mm；分层喷射时，应在前一层混凝土终凝后进行，若终凝 1 h 后再喷，应清洗喷层表面；应控制喷

层混凝土的回弹量，边墙不宜大于15%，拱部不宜大于25%。

图1.4.4-14 混凝土自下而上分层喷射

⑥喷射时，应控制好水灰比，保持喷射混凝土表面平整，湿润光泽，无干块滑移、流淌现象；喷射作业由有经验、技术熟练的喷射手操作，保证喷射混凝土各层之间衔接紧密；喷头与受喷面应基本垂直，做连续不断的圆周运动，并形成螺旋状前进。

⑦喷射混凝土前植入喷射混凝土厚度定位钢筋，并在钢筋上标出喷射混凝土厚度，喷射完成后检测钢筋外露长度，检验喷射厚度是否满足要求；喷射混凝土应密实、平整，无裂缝、脱落、漏喷、漏筋、空鼓、渗漏水等现象，平整度允许偏差为30 mm。

⑧喷射混凝土2 h后应进行洒水养护，保证混凝土有足够的湿润度，养护时间不小于14 d。

⑨喷射混凝土应按要求制作抗压强度和抗渗压力混凝土试件，其混凝土试件的抗压强度和抗渗压力均应符合设计及规范要求。

⑩应用锤击法检查喷层和围岩及喷层之间的黏结程度，检查断面60%以上喷射厚度不小于设计厚度，最小值不小于设计厚度的1/2，厚度总平均值不小于设计厚度。

1.4.4.4 防水层施工

防水层应在初期支护趋于基本稳定，并经检验验收合格后方可进行铺贴。

（1）原材料质量要求。

①防水材料应符合设计要求，且必须提供产品合格证书和性能检测报告，材料的品种、规格、性能等应符合现行国家产品标准和设计要求。防水卷材的表面应平整，不允许有空洞、结块、气泡、缺边和裂口。

②同一类型、同一规格10 000 m² 为一批，不足10 000 m² 亦为一批。在每批产品中随机抽取5卷进行面积、单位面积质量、厚度、外观质量检查，全部检查合格后，从中随机抽取一卷不小于1.5 m² 的试样进行检测。

（2）铺贴防水层的基面应坚实、平整、圆顺，无漏水现象，阴阳角做成100 mm圆弧或50 mm×50 mm钝角。

（3）防水层的衬砌应沿隧道环向由拱顶向两侧依次铺贴平顺，并与基面固定牢固，其长、短边搭接长度不小于50 mm。

（4）防水层塑料卷材应沿隧道环向由拱顶向两侧依次铺贴，其搭接长度不应小于100 mm；相邻两幅卷材接缝应错开，错开位置距结构转角处不应小于600 mm。

河南鑫港工程检测有限公司
检验报告

151601060133
有效期2021年10月18日
资质认定编号：WFJ2016-21597

见证取样
ZSZ01079
报告编号：SZ16-27333

委托单位	郑州航空港区航兴基础设施建设有限公司
施工单位	中国电力建设股份有限公司
工程名称	郑州航空港经济综合实验区2016-2018年片区城市基础设施一级开发建设项目施工总承包（第二标段）
工程部位	郑州航空港经济综合实验区（郑州新郑综合保税区）郑州航空港港南220KV输电线路工程(新苑至港南)10#竖井暗挖方向主隧道喷锚支护K2+230.000-K2+250.000
样品名称	混凝土试块	检验性质	见证取样
设计强度等级	C25喷射	成型日期	2018.03.11
规格型号	Φ100mm*100mm	送样日期	2018.04.08
组　数	1组（28d）	检验日期	2018.04.08
养护方法	标准养护	报告日期	2018.04.08
样品状态	完好		
检验依据	普通混凝土力学性能试验方法标准》GB/T 50081-2002《岩土锚杆与喷射混凝土支护工程技术规范》GB 50086-2015		

样品编号	破坏荷载(kN)	抗压强度（MPa）单个值	强度值	达到设计强度等级(%)
2018-1407	236.41	30.1	29.9	120
	230.75	29.4		
	238.00	30.3		
		以下空白		

检验结果	依据《普通混凝土力学性能试验方法标准》GB/T 50081-2002标准，所检项目符合设计要求。
主要仪器设备名称及其编号	电液式压力试验机（160123）
备注	委托人：叶永宁　取样人：叶永宁(H41170060001081)　见证人：贾浩鹏（电建见证土字第2017-2035号）　监理单位：河南立新监理咨询有限公司

检验人：施琳 崔卫海　　审核人：　　批准人：

图 1.4.4-15　喷射混凝土强度报告

图 1.4.4-16　喷射混凝土厚度检查

图 1.4.4-17　混凝土喷射完成

河南省建筑工程质量检验测试中心站有限公司

检 验 检 测 报 告

见证取样
ZJZ01052

171601060691
有效期2023年12月11日

委托单编号：WTS03-2017-1957　　　　　报告编号：S03 类 2017 年 23-1888 号

委托单位	郑州航空港区航兴基础设施建设有限公司		
施工单位	中国电力建设股份有限公司		
工程名称	郑州航空港经济综合实验区 2016-2018 年片区城市基础设施 一级建设项目施工总承包（第二标段）		
工程部位	港南 220KV 输电线路工程		
样品名称	RSW 强力交叉膜反应粘防水卷材	检验性质	见证取样
规格型号	W P II S 2.0mm	送样日期	2017.10.17 14:30
代表批量	3000 ㎡	检验日期	2017.10.19
生产单位	辽宁女娲防水建材科技集团有限公司	报告日期	2017.10.24
检验依据	《建筑防水卷材试验方法 第 9 部分：高分子防水卷材　拉伸性能》GB/T 328.9—2007 《建筑防水卷材试验方法 第 10 部分：沥青和高分子防水卷材不透水性》 GB/T 328.10—2007 《建筑防水卷材试验方法 第 14 部分：沥青防水卷材　低温柔性》GB/T 328.14—2007 《建筑防水卷材试验方法 第 11 部分：沥青防水卷材　耐热性》GB/T 328.11—2007		

序　号	检验项目			标准要求	检验结果	单项结论
1	拉伸 性能	拉力 (N/50mm)	纵向	≥200	254	合格
			横向	≥200	264	合格
		最大拉力时 延伸率(%)	纵向	≥150	353	合格
			横向	≥150	348	合格
2	低温柔性			-25℃，无裂纹	无裂纹	合格
3	不透水性			0.3MPa，120min 不透水	不透水	合格
4	耐热性			70℃，2h 无位移、流淌、滴落	无位移、流淌、滴落	合格
检验结论	依据《预铺/湿铺防水卷材》GB 23457—2009，所检项目符合标准要求。					
备　注	委 托 人：岳吉元 取 样 人：岳吉元（H41140060000066） 见 证 人：贾浩鹏（电建见证土字第 2017-2035 号） 监理单位：河南立新监理咨询有限公司					
注意事项	1.报告无测试专用章及计量认证章无效。2.报告无测试报告专用章骑缝章无效。 3.报告无检验、审核、批准签字无效。4.复印报告未加盖测试专用章无效。 5.报告涂改无效。 6.对检验报告若有异议，应于收到报告之日起十五日内向检测单位提出，逾期不予办理。 地址：河南省郑州市金水区丰乐路 4 号 电话：0371-63934069；传真：0371-63850517；网址：http://www.hnjky.com.cn。					

检验人：崔萍　王平霞　　　审核人：史泽　　批准人：张立海

第 1 页 共 1 页

图 1.4.4-18　防水卷材试验报告

（5）防水卷材搭接处应采用双焊缝焊接，焊缝宽度不小于 10 mm，且均匀连续，不得有假焊、漏焊、焊焦、焊穿等现象；卷材应附于衬层上，并固定牢固，不得渗水。

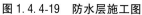

图 1.4.4-19　防水层施工图

图 1.4.4-20　防水保护层施工

1.4.4.5　二次衬砌

（1）钢筋加工及安装。

①进场的钢筋应有出厂合格证并按照规范要求进行检测，检测合格后方能使用；钢筋要求按照批次、规格型号，上盖下垫整齐堆放，不得锈蚀和污染；钢筋按照设计图纸要求进行加工，其允许偏差在规范要求范围内。

②钢筋安装绑扎前应检查数量、类别、型号、直径、位置等是否符合设计要求，搭接长度应满足设计要求，主筋和分布筋、双向受力筋等均应绑扎，绑扎必须牢固稳定，不得变形松脱，必要时点焊焊牢。

③钢筋绑扎时应用同等强度等级的砂浆垫块或塑料卡支垫，按行列式或交错式摆放，保证钢筋保护层厚度。

图 1.4.4-21　二衬钢筋加工　　　　　图 1.4.4-22　二衬仰拱钢筋检查验收

（2）模板支设。

①模板和支架应稳固，满足相关荷载要求；且模板的结构形状、位置、尺寸均应符合设计及规范要求。

②模板支立前应清理干净并涂刷隔离剂，自下而上分层支立，支撑牢固、表面平整、接缝严密不漏浆，相邻两块模板接缝高低差不大于 2 mm。

图 1.4.4-23　二衬拱顶钢筋绑扎成型　　　　　图 1.4.4-24　二衬模板均匀涂刷隔离剂

③变形缝端头模板处的填缝板中心应与初期支护结构变形缝重合；变形缝及垂直施工缝端头模

板应与初期支护结构间的缝隙嵌堵严密。

④边墙与拱部模板应预留混凝土灌注及振捣孔口和压浆孔口。

（3）混凝土浇筑。

①混凝土浇筑前应对模板、钢筋、预埋件、止水带等进行检查，清除模内杂物，隐蔽检验合格后，方可浇筑混凝土。

②混凝土一般采用输送泵输送，振捣时不得触及防水层、钢筋、预埋件和模板；混凝土浇筑至墙拱交界处，1~1.5 h 后方可继续浇筑。

图 1.4.4-25　二衬模板加固　　　　　　　　图 1.4.4-26　二衬底板混凝土浇筑

③混凝土终凝后应及时养护，养护期不少于 14 d。

④混凝土灌注时需按照相关规范要求制作混凝土抗压、抗渗试件。

⑤拆模时间应根据结构断面形式及混凝土达到的强度确定；对于矩形断面，侧墙应达到设计强度的 70%，顶板应达到 100%。

（4）二次衬砌施工完成后，应按相关要求进行无损检测。

图 1.4.4-27　二衬混凝土强度检测　　　　　图 1.4.4-28　二衬混凝土钢筋保护层检测

1.4.5　拱顶注浆

（1）为确保隧道整体施工质量，二次衬砌施工完成后应按设计及规范要求进行后注浆。

（2）注浆材料应符合设计要求，各种材料的掺配比例通过试验确定，浆液应具有良好的可灌性、黏结性、抗渗性、耐久性、化学稳定性及固结收缩小等特性。

（3）回填注浆的压力直接作用在衬砌混凝土上，应严格控制压力，不得破坏二衬混凝土，注浆过程中要时刻关注注浆的压力及流量变化，当排气孔出浆时即可停止注浆。

（4）其余质量控制要点可参见超前小导管注浆。

图 1.4.5-1 拱顶注浆

1.4.6 电缆支架安装

（1）电缆支架进场验收应符合下列要求：

①查验产品质量证明书，量测尺寸是否符合设计要求。

②镀锌层应覆盖完整、表面无锈斑，配件应齐全，无砂眼。

③应按批抽样送到有资质的检测单位进行镀锌质量检测。

图 1.4.6-1 电缆支架进场验收

（2）电缆支架应安装牢固可靠，与保护导体的连接符合设计及规范要求。

图 1.4.6-2　电缆支架安装效果图

1.4.7　测量与监视

监控测量是在施工过程中，对土体、支护结构的动态和周围环境条件的变化及时进行各种必要的监测和分析，并将监测到的有关地层、支护结构的安全稳定性以及施工对环境影响的信息及时反馈给设计和施工单位，以指导设计和及时调整施工。

1.4.7.1　测量与监视的要求

（1）在施工前应根据埋深、地质、地面环境、开挖断面和施工方法等拟订监控量测方案，明确监视频率、监视项目及监视方法。

（2）建立变形监测网，基准点、工作基点和变形监测点应选用相对稳定和方便使用的位置，定期将工作基点与基准点进行联测，保证监测网的稳定性。

（3）监控量测测点的初始读数，应在开挖循环节施工后 24 h 内，并在下一循环节施工前取得，其测点距开挖工作面不得大于 2 m，且应取至少连续观测 3 次稳定值的平均值。

（4）量测数据应准确、可靠，并及时绘制时态曲线，当时态曲线趋于平衡时，应及时进行回归分析，并推算出最终值。

表 1.4.7-1　隧道现场监控量测必测项目

序号	项目名称	方法及工具	布置	测试精度	量测间隔时间			
					1~15 d	16 d~1 个月	1~3 个月	>3 个月
1	洞内、外观察	现场观测、地质罗盘	开挖及初期支护后进行	—	—			
2	净空变化	各种类型收敛计、全站仪	每 5~50 m 一个断面，每断面 2~3 对测点	0.1 mm	1~2 次/d	1 次/2 d	1~2 次/周	1~3 次/月
3	拱顶下沉	水准测量的方法，水准仪、钢尺等	每 5~50 m 一个断面	0.1 mm	1~2 次/d	1 次/2 d	1~2 次/周	1~3 次/月
4	地表下沉	水准测量的方法，水准仪、钢钢尺等	洞口段、浅埋段（$h_0 \leqslant 2b$）	0.5 mm	开挖面距量测断面前后 $<2b$ 时，1~2 次/d；开挖面距量测断面前后 $<5b$ 时，1 次/2~3 d；开挖面距量测断面前后 $>5b$ 时，1 次/3~7 d			

注：b 为隧道开挖深度；h_0 为隧道埋深。

1.4.7.2 监测过程中应停工的处理情况

监测过程中，发现下列情况之一时，应立即停工，并采取措施进行处理：

（1）周边及开挖面塌方、滑坡及破裂。

（2）量测数据有不断增大的趋势。

（3）支护结构变形过大或出现明显的受力裂缝且不断发展。

（4）时态曲线长时间没有变缓的趋势。

图 1.4.7-1　隧道初期支护期间测量与监视

1.5　定向钻施工

1.5.1　管道非开挖施工质量控制流程图

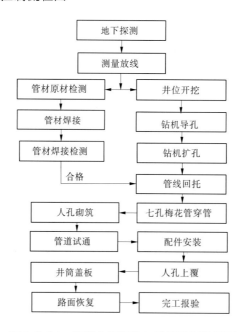

图 1.5.1-1　管道非开挖施工质量控制流程图

1.5.2　非开挖区域地下探测

施工前应进行现场调查研究，并对建设单位提供的工程沿线的有关工程地质、水文地质和周围环境情况，以及沿线地下与地上管线、周边建（构）筑物、障碍物及其他设施的详细资料进行核实确认；必要时应进行坑探。施工前了解穿越点的地质情况和地形地貌，掌握穿越的结构、设计深度要求，进行技术交底。

使用地下雷达探测仪等探测设备，查明穿越段地下是否有管道、电缆、光缆等障碍物。

图 1.5.2-1　非开挖施工区域地下物探

1.5.3　非开挖管材检测

非开挖 MPP 管材材质应符合《电力电缆用导管技术条件 第 7 部分：非开挖用改性聚丙烯塑料电缆导管 》（DL/T 802.7—2010）的相关要求。管材进场后存放于仓库内，防止损伤和露天暴晒，影响管材施工质量。

标准要求非开挖用改性聚丙烯塑料电缆导管同一原材料、同一配方、同一工艺、同一型号规格、稳定连续生产一定数量的产品（1 200 根）为一个检验批，当 2 个月内生产总数不足 1 200 根、但不少于 150 根时，也可作为一个检验批。检测项目为外观质量、维卡软化温度、落锤冲击试验、压扁试验、拉伸强度、断裂伸长率等。

图 1.5.3-1　MPP 管材堆放于仓库

№ SY2016091318

检 验 报 告
Inspection Report

产 品 名 称：MPP非开挖用电缆导管
Sample

受 检 单 位：/
Inspected

生 产 单 位：河南锦润塑胶科技有限公司
Manufacturer

委 托 单 位：河南锦润塑胶科技有限公司
Clientele

检 验 类 别：送样检验
Inspection Sort

河 南 省 产 品 质 量 监 督 检 验 院
Henan Institute of Product Quality Supervision and Inspection

河 南 省 产 品 质 量 监 督 检 验 院
Henan Institute of Product Quality Supervision and Inspection

检 验 报 告
Inspection Report

№ SY2016091318 共 2 页 第 1 页

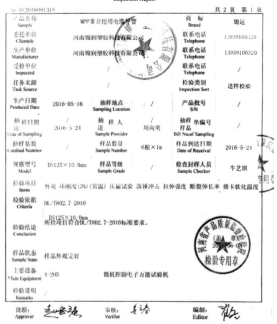

产品名称 Sample	MPP非开挖用电缆导管		商 标 Brand	锦运
委托单位 Clientele	河南锦润塑胶科技有限公司		联系电话 Telephone	13939100320
生产单位 Manufacturer	河南锦润塑胶科技有限公司		联系电话 Telephone	13939100320
受检单位 Inspected	/		联系电话 Telephone	/
任务来源 Task Source			检验类别 Inspection Sort	送样检验
生产日期 Produced Date	2016-05-16	抽样地点 Sampling Location	产品批号 S/N	/
抽样日期 Date of Sampling	2016-5-21	送样人 Sample Provider	抽样单编号样品 Bill No.of Sampling	/
抽样基数 Cardinal Number		样品数量 Sample Number	样品到达日期 Date of Receival	2016-5-24
规格型号 Model	DS125×10.0mm	样品等级 Sample Grade	检查封样人员 Sample Checker	牛艺琪

检验项目 Items 外观 环刚度(3%)(常温) 压扁试验 落锤冲击 拉伸强度 断裂伸长率 维卡软化温度

检验依据 Criteria DL/T802.7-2010

检验结论 Conclusion DS125×10.0mm 所检项目符合DL/T802.7-2010标准要求。

样品状态 Sample State 样品外观完好

主要设备 Main Equipment A-203 微机控制电子力能试验机

检验说明 Remarks

批准 Approver　　　审核 Verifier　　　编制 Editor

图 1.5.3-2　MPP 管材出厂检测报告

图 1.5.3-3 非开挖 MPP 管材取样

河南省建筑工程质量检验测试中心站有限公司

检 验 检 测 报 告

委托单编号：WTS03-2017-102　　　　　报告编号：S03 类 2016 年 23-1029 号

委托单位	郑州航空港区汇展基础设施建设有限公司		
施工单位	中国电力建设股份有限公司		
工程名称	郑州航空港经济综合实验区（郑州新郑综合保税区）雁鸣路道路工程		
工程部位	通讯工程		
样品名称	MPP 非开挖用电缆导管	检验性质	见证取样
规格型号	DS125×10.0 mm	送样日期	2017.01.18
代表批量	2000 m	检验日期	2017.01.23
生产厂家	河南锦润塑胶科技有限公司	报告日期	2017.01.31
检验依据	《电力电缆用导管技术条件 第7部分：非开挖用改性聚丙烯塑料电缆导管》DL/T 802.7-2010		

序号	检验项目	标准要求	检验结果	单项判定
1	外观质量	导管内外壁不允许有气泡、裂口和明显的痕纹、凹陷、杂质、分解变色线以及颜色不均等缺陷，导管内壁应光滑、平整，导管端面应切割平整并与轴线垂直	符合	合格
2	维卡软化温度（℃）	≥150	151	合格
3	落锤冲击试验	试样不应出现裂缝或破裂	10 个试样未出现裂缝或破裂	合格
4	压扁试验	试样不应出现裂缝或破裂	无裂缝、无破裂	合格
5	拉伸强度(MPa)	≥25	25.3	合格
6	断裂伸长率(%)	≥400	435	合格

检验结论	依据《电力电缆用导管技术条件 第7部分：非开挖用改性聚丙烯塑料电缆导管》DL/T 802.7-2010，所检项目符合标准要求。
备 注	委 托 人：刘治桥　取 样 人：刘治桥（H41140060000064）　见 证 人：王华通（H41150050000146）　监理单位：重庆联盛建设项目管理有限公司
注意事项	1.报告无测试报告专用章及计量认证章无效。2.报告无测试报告专用章骑缝章无效。3.报告无检验、审核、批准签章或签字无效。4.复印报告未加盖测试报告专用章无效。5.报告涂改无效。6.对检验报告若有异议，应于收到报告之日起十五日内向检测单位提出，逾期不予办理。地址：河南省郑州市金水区丰乐路 4 号 电话：0371-63934069；传真：0371-63850517；网址：http://www.hnjky.com.cn。

检验人：　　　　　审核人：　　　批准人：

第 1 页 共 1 页

图 1.5.3-4 非开挖 MPP 管材复检报告

1.5.4 非开挖 MPP 管材焊接施工

非开挖 MPP 管材焊接施工采用热熔对接焊机，焊机操作尽量在平坦的路面上，使用焊机前先对焊机进行检查，并做好焊接前的各项准备工作。

焊接过程严格按机具程序操作，不违规操作，热熔焊接步骤如下：

（1）焊管前清除管端内外污物及加热板附着物，管道底用圆木垫底，以防管道在焊接过程中被磨坏。

（2）固定：将需要连接的管材或管件固定在焊机的夹具上，使管材同夹具一起运动。

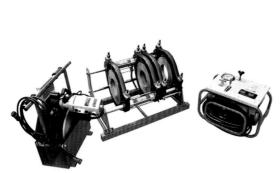

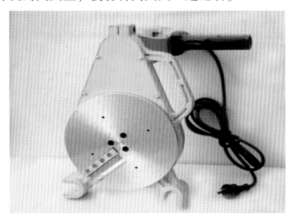

图 1.5.4-1　非开挖通信管材焊接准备　　　　　　图 1.5.4-2　切削铣刀

（3）切削管材端面：管材末端被加工成洁净、平行的对接平面。用铣刀对端面进行切削，直到形成一个边连续的切削物。

（4）校准对中：要焊接在一起的管件或管材接触面必须是圆形的，并且要将两面校准对中，尽量使管壁完全重合，错边量不可超过壁厚的10%。

（5）熔融：不同的生产厂家生产的管材，其焊接温度、熔融温度等略有不同。热熔焊机中的热板加热后将热量传至管材接触面，形成一道"翻边"。但是，由于环境温度及风速等的影响，加热板的内外面温度会有一定的损失，所以有关国标中规定：在大风天气和寒冷环境施工，要采取保护措施，比如对管材进行隔离，端帽或延长加热时间等。

图 1.5.4-3　非开挖 MPP 管材对接切削　　　　　图 1.5.4-4　非开挖 MPP 管材对接熔融

（6）焊接：当管材两端达到适当的温度和时间后，移走加热板，并施加一定的压力将熔融的端面对接在一起，使端面熔化的材料相互混合形成一个均一的接头。

（7）冷却：焊接接头在压力下保持固定，直到充分冷却，冷却过程中不得移动管道和施加外力。

（8）外观检验：焊接完成后进行焊缝外观检验，接头要求具有沿管材四周平滑对称的翻边，翻边最低处不低于技术参数要求，翻边为实心和圆滑的，翻边下侧不得有杂物、小孔、偏移、损坏、弯曲、裂纹，错边量小于管材壁厚的10%且不大于 3 mm。

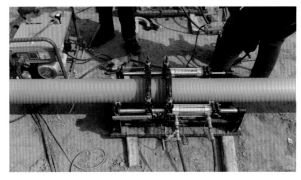

图 1.5.4-5 非开挖 MPP 管材焊接

图 1.5.4-6 非开挖 MPP 管材焊接冷却

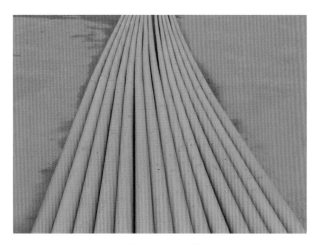

图 1.5.4-7 非开挖 MPP 管材焊接成品

1.5.5 非开挖 MPP 管材焊接检测

非开挖 MPP 管材热熔焊接完成后，经外观检测合格后，必须进行拉伸强度检测。

非开挖 MPP 管材熔接接头检测依据《电力电缆用导管技术条件 第 7 部分：非开挖用改性聚丙烯塑料电缆导管》（DL/T 802.7—2010）4.4 技术性能指标要求，在已经焊接的接头中按规范要求随机截取焊接接头试件，进行拉伸强度检测。

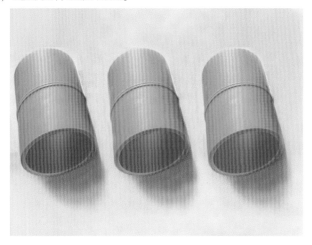

图 1.5.5-1 非开挖 MPP 管材焊接接头取样

河南省建筑工程质量检验测试中心站有限公司
检 验 检 测 报 告

委托单编号：WTS03-2017-237　　　　　报告编号：S03 类 2017 年 23-1541 号

委托单位	郑州航空港区汇展基础设施建设有限公司		
施工单位	中国电力建设股份有限公司		
工程名称	郑州航空港经济综合实验区（郑州新郑综合保税区）雁鸣路道路工程		
工程部位	通讯工程		
样品名称	MPP 管焊接接头	检验性质	见证取样
规格型号	125 mm	送样日期	2017.02.09
代表批量	/	检验日期	2017.02.13
生产厂家		报告日期	2017.02.17
检验依据	《电力电缆用导管技术条件 第 7 部分：非开挖用改性聚丙烯塑料电缆导管》DL/T 802.7-2010		

序号	检验项目	标准要求	检验结果	单项判定
1	拉伸强度（MPa）	≥22.5	25.2	合格
			以下空白	

检验结论	依据《电力电缆用导管技术条件 第 7 部分：非开挖用改性聚丙烯塑料电缆导管》DL/T 802.7-2010，所检项目符合标准要求。
备 注	委 托 人：刘治桥　取 样 人：刘治桥（H41140060000064）　见 证 人：王华通（H41150050000146）　监理单位：重庆联盛建设项目管理有限公司
注意事项	1.报告无测试报告专用章及计量认证章无效。2.报告无测试报告专用章骑缝章无效。3.报告无编制、审核、批准签章或签字无效。4.复印报告未加盖测试报告专用章无效。5.报告涂改无效。6.对检验报告若有异议，应于收到报告之日起十五日内向检测单位提出，逾期不予办理。地址：河南省郑州市金水区丰乐路4号　电话：0371-63934069；传真：0371-63850517；网址：http://www.hnjky.com.cn。

检验人：　　　　审核人：　　　　批准人：

图 1.5.5-2　非开挖 MPP 管材焊接接头检测报告

1.5.6　非开挖施工测量放线

依据设计图纸复核两端控制桩的准确性，然后根据设计图纸提供的两端控制桩放出管道穿越中心线及钻机位置中心线，并在中心线上每隔 50 m 设加密桩。

穿越中心线放线定桩后，放出主管道中心线，穿越管道应与穿越中心线成直线摆放，主管道布管中心线距穿越中心线 3.5 m，放线时还应放出两端连接段的中心线。

图 1.5.6-1　非开挖管道放线定向

1.5.7　工作井位开挖定位

工作井开挖应注意机械挖土时确保槽底土壤结构不被扰动或破坏，槽底预留 15～20 cm 厚土方人工修理，以免基底土壤被扰动，工作井基底压实度应符合设计要求或现行相关规范规定。

　　挖出的土方应妥善安排堆放位置，堆土应堆在距开挖边线边 1 m 以外，堆土高度不超过 1.5 m，以确保工作井边坡的稳定和施工安全。由于下管的需要或施工环境、交通条件等限制，工作井侧堆土过多可能影响施工，应在适当地点选择堆土场所，并合理安排运土路线。

图 1.5.7-1　定向钻工作井位机械开挖

图 1.5.7-2　定向钻工作井位临边防护

1.5.8　定向钻就位

　　定向钻施工应根据设计要求和施工方案组织实施。

1.5.8.1　定向钻施工前应检查下列内容，确认条件具备时方可开始钻进，设备、人员应符合下列要求：

　　设备应安装牢固、稳定，钻机导轨与水平面的夹角符合入土角要求；钻机系统、动力系统、泥浆系统等调试合格；导向控制系统安装正确，校核合格，信号稳定；钻进、导向探测系统的操作人员经培训合格。

1.5.8.2　钻机进场后，检查机具的运作情况，及时记录。机具摆放应距工作井 1 m 以上，防止机具震动造成塌方，钻机就位须在穿越曲线的同一方向上。钻机就位后进行系统连接、试运转，保证设备正常工作，各系统运转正常后试钻，钻进 1~3 根钻杆后检测各部位运行情况，各种参数正常后按次序钻进。

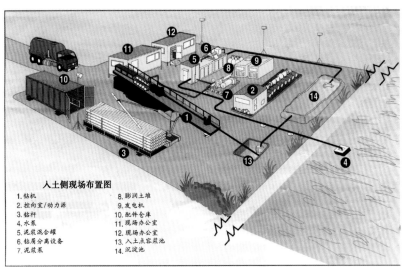

图 1.5.8-1　定向钻入土点场地布置示意图

1.5.8.3 最大控制回拖阻力应满足管材力学性能和设备能力要求，总回拖阻力的计算可按式（1.5.8-1）进行：

$$P = P_1 + P_F \qquad (1.5.8\text{-}1)$$

$$P_F = \pi D_k 2 R_a / 4 \qquad (1.5.8\text{-}2)$$

$$P_1 = \pi D_0 L f_1 \qquad (1.5.8\text{-}3)$$

式中 P——总回拖阻力，kN；

P_F——扩孔钻头迎面阻力，kN；

P_1——管外壁周围摩擦阻力，kN；

D_k——扩孔钻头外径，m，一般取管道外径的 1.2~1.5 倍；

D_0——管节外径，m；

R_a——迎面土挤压力，kN/m²，一般情况下，黏性土可取 500~600 kN/m²，砂性土可取 800~1 000 kN/m²；

L——回拖管段总长度，m；

f_1——管节外壁单位面积的平均摩擦阻力，kN/m²，可按表 1.5.8-1 中的钢管取值。

图 1.5.8-2　定向钻设备　　　　图 1.5.8-3　定向钻出土点场地布置示意图

表 1.5.8-1　管节外壁单位面积的平均摩擦阻力　　　　（单位：kN/m²）

管材	土类			
	黏性土	粉土	粉、细砂土	中、粗砂土
钢筋混凝土管	3.0~5.0	5.0~8.0	8.0~11.0	11.0~16.0
钢管	3.0~4.0	4.0~7.0	7.0~10.0	10.0~13.0

1.5.8.4　设备就位、安装、调试

图 1.5.8-4　定向钻就位

定好穿越长度后，根据入土点、入土角度结合现场实际情况使钻机准确就位。钻机设备、泥浆设备安装完成后，对设备进行调试、检查，确保设备安全运行。

导向设备仪器安装完成后，对其进行校准，确保导向孔的精度。

图 1.5.8-5　定向钻导向仪

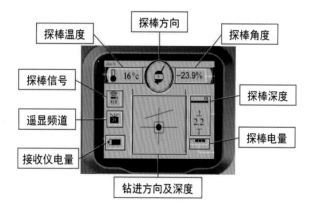

图 1.5.8-6　定向钻导向仪界面

图 1.5.8-7　定向钻导向仪距离校准

1.5.9　定向钻导孔

导向孔钻进钻机必须先进行试运转，确定各部分运转正常后方可钻进；第一根钻杆入土钻进时，应采取轻压慢转的方式，稳定钻进导入位置和保证入土角度；且入土段和出土段应为直线钻进，其直线长度宜控制在 20 m 左右。

钻孔时应匀速钻进，并严格控制钻进给进力和钻进方向；每进一根钻杆应进行钻进距离、深度、侧向位移等的导向探测，曲线段和有相邻管线段应加密探测；保持钻头正确姿态，发生偏差应及时纠正，且采用小角度逐步纠偏；钻孔的轨迹偏差不得大于终孔直径，超出误差允许范围宜退回进行纠偏。

导向孔钻进要根据穿越的地质情况，选择合适的钻头。在导向孔钻进时，每钻进一根钻杆，至少测量一次方向及钻头的实际位置，对探测点要做好标记。根据仪器显示数据及时调整，保证所完成的导向孔曲线符合设计要求。

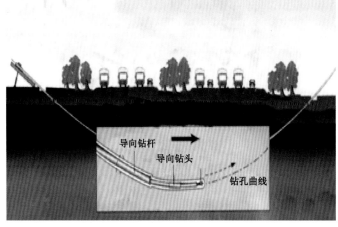

图 1.5.9-1　定向钻导向孔示意图

图 1.5.9-2　工作井位定向钻入口定位

图 1.5.9-3　障碍物测量定向

图 1.5.9-4　定向钻入土角定位

图 1.5.9-5　定向钻导向钻头入土

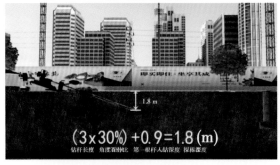

图 1.5.9-6　定向钻第一根钻杆入土

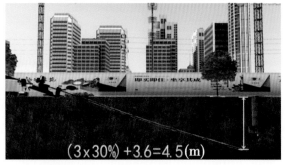

图 1.5.9-7　定向钻导向过地下障碍物

图 1.5.9-8 定向钻导孔钻进

1.5.10 定向钻扩孔

从出土点向入土点回扩,扩孔器与钻杆连接应牢固。

根据管径、管道曲率半径、地层条件、扩孔器类型等确定一次或分次扩孔方式。

分次扩孔时每次回扩的级差宜控制在 100 ~ 150 mm,终孔孔径宜控制在回拖管节外径的 1.2 ~ 1.5 倍。

图 1.5.10-1 定向钻扩孔示意图

严格控制回拉力、转速、泥浆流量等技术参数,确保成孔稳定和线形要求,无坍孔、缩孔等现象。扩孔孔径达到终孔要求后应及时进行回拖管道施工。

图 1.5.10-2 定向钻扩孔器

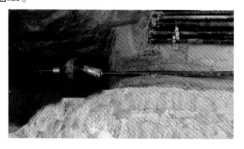

图 1.5.10-3 定向钻扩孔器入孔

图 1.5.10-4 定向钻扩孔施工

1.5.11 管道回拖

从出土点向入土点回拖。

回拖管段的质量经检验合格、拖拉装置安装及其与管段连接等检查后，方可进行拖管；严格控制钻机回拖力、扭矩、泥浆流量、回拖速率等技术参数，严禁硬拉硬拖。

回拖过程中应有发送装置，避免管段与地面直接接触和减小摩擦力；发送装置可采用水力发送沟、滚筒管架发送道等形式，并确保进入地层前的管段曲率半径在允许范围内。

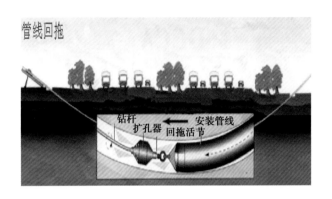

图 1.5.11-1　管道回拖示意图

图 1.5.11-2　管道回拖准备

图 1.5.11-3　管道回拖入孔

1.5.12 七孔梅花管盘管

非开挖通信管道采用 MPP110/10 代替 PV－U 110 双壁波纹管，MPP125/10 内穿 PE 七孔梅花管代替 PE 七孔梅花管。管材进场存放于仓库内，防止外力损伤和暴晒。

检测标准依据《地下通信管道用塑料管　第 5 部分：梅花管》（YD/T 841.5），规范要求同一批原料、同一配方和工艺情况下生产的同一规模管材为一批，每批数量不超过 60 t。如生产量少，生产期 6 d 尚不足 60 t，则以 7 d 产量为一批。检测项目为落锤冲击试验、拉伸强度、拉断伸长率、管材刚度等。

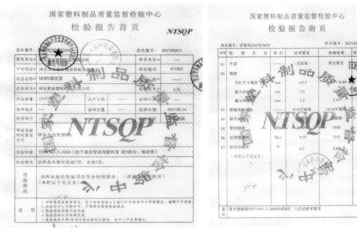

图 1.5.12-1　七孔梅花管盘管型式检测报告

图 1.5.12-2　七孔梅花管盘管存放于仓库

图 1.5.12-3　七孔梅花管盘管取样　　　图 1.5.12-4　七孔梅花管盘管进场复检报告

1.5.13　七孔梅花管盘管穿管

　　非开挖通信管道采用 MPP125/10 内穿 PE 七孔梅花管盘管时，管材的色泽均匀一致，颜色为白色，管材光滑平整，色泽均匀，应使用滚轮支架放管，保证管材的顺直，内外管壁不允许有裂纹和破损、破孔，不允许有变形、扭曲等缺陷。标记应耐久、易识别。

　　盘管顺直检查无质量问题后，在入口端绑扎固定拉管卡扣，卡扣固定周围应平直、圆形无凸起，无尖锐处，保证穿管顺利地通过。穿管过程要保证管道顺直，无磕碰、无变形，盘管能完好顺利地进入 MPP 管道内。

图 1.5.13-1　七孔梅花管盘管放管　　　　图 1.5.13-2　七孔梅花管盘管卡扣固定

图 1.5.13-3　七孔梅花管盘管穿管

第 2 章　给水工程

2.1　质量控制流程图

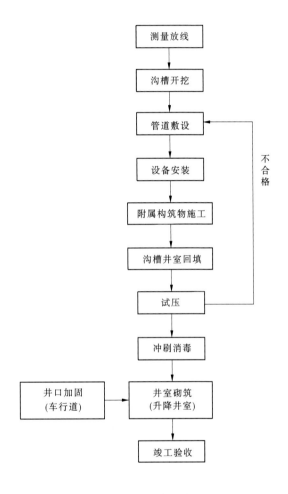

图 2.1-1　质量控制流程图

2.2　测量放线

2.2.1　应对设计单位移交的控制点进行复测。复核无误后方可使用。所有控制点均应对其进行有效的保护。

2.2.2　严格按照设计图纸要求将工程的起始点、终点、转角点、变坡点、三通、四通等各节点位置测放到地面上，并沿工程走向建立临时水准点和轴线控制桩。临时水准点和轴线控制桩应设置在便于观测且不易被损坏的位置。

图 2.2-1　测量控制点混凝土保护

图 2.2-2　测放轴线

图 2.2-3　高程复核

2.2.3 测量仪器校验合格后方可使用。

图 2.2-4 仪器检定证书

2.3 沟槽开挖

2.3.1 槽底的宽度应符合设计要求；当设计无要求时，可按式（2.3-1）计算确定：

$$B = D_0 + 2(b_1 + b_2 + b_3) \tag{2.3-1}$$

式中 B——管道沟槽底部的开挖宽度，mm；

D_0——管外径，mm；

b_1——管道一侧的工作面宽度，mm，可按表 2.3-1 选取；

b_2——有支撑要求时，管道一侧的支撑厚度可取 150～200 mm；

b_3——现场浇筑混凝土或钢筋混凝土管渠一侧模板厚度，mm。

表 2.3-1 管道一侧的工作面宽度 （单位：mm）

管道结构的外缘宽度 D_0	管道一侧的工作面宽度 b_1（mm）		
	混凝土类管道		金属类管道、化学管管道
$D_0 \leqslant 500$	刚性接口	400	300
	柔性接口	300	
$500 < D_0 \leqslant 1\,000$	刚性接口	500	400
	柔性接口	400	
$1\,000 < D_0 \leqslant 1\,500$	刚性接口	600	500
	柔性接口	500	
$1\,500 < D_0 \leqslant 3\,000$	刚性接口	800～1\,000	600
	柔性接口	600	

注：1. 槽底需设排水沟时，b_1 应适当增加。

2. 管道有现场施工的外防水层时，b_1 宜取 800 mm。

3. 采用机械回填管道侧面时，b_1 需满足机械作业的宽度要求。

2.3.2 严格按照设计图纸要求进行放坡。设计图纸无要求，但施工现场地质条件和土质情况良好、无地下水且挖深较浅时，不设支撑的沟槽最陡边坡应符合表2.3-2的规定。

表2.3-2 深度在5 m以内的沟槽边坡的最陡坡度

土的类别	边坡坡度（高×宽）		
	坡顶无荷载	坡顶有静载	坡顶有动载
中密的砂土	1:1.00	1:1.25	1:1.50
中密的碎石类土（充填物为砂土）	1:0.75	1:1.00	1:1.25
硬塑的粉质黏土	1:0.67	1:0.75	1:1.00
中密的碎石类土（充填物为黏性土）	1:0.50	1:0.67	1:0.75
硬塑的黏质粉土、黏土	1:0.33	1:0.50	1:0.67
老黄土	1:0.10	1:0.25	1:0.33
软土（经井点降水后）	1:1.25	—	—

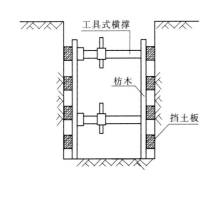

图2.3-1 水平挡土板支撑

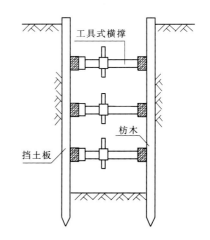

图2.3-2 垂直挡土板支撑

2.3.3 当深度较大和土质复杂时，必须选择有效的支护措施。

2.3.4 沟槽开挖前，应先对开挖段的地下障碍情况进行勘察，沟槽开挖中要采用必要的防护措施，以防止开挖过程中损伤到其他管线或设施。

2.3.5 沟槽开挖前，应测放出管中心位置及上口开挖宽度，将管中心线、沟槽边线及临时占地边界线用石灰撒线标明，并标示出已探明的地下障碍物位置。

2.3.6 为避免对土基的扰动，机械开挖沟槽时槽底应保留20 cm左右不开挖，敷设管道时由人工进行开挖清底，不得超挖；如全人工挖沟槽后不能立即修筑基础或铺设管道，槽底也应保留20 cm厚的土层暂时不挖，在基础施工前人工挖除。

2.3.7 在地下水位较浅地段，应采取有效的降水措施，控制降水深度在沟槽范围内不小于沟槽底面以下0.5 m，确保槽底处于疏干状态。

2.3.8 沟槽堆土，应保证沟槽边坡的稳定与排水方便，当土质良好时，应在距槽沟边缘0.8 m以

图 2.3-3 沟槽开挖

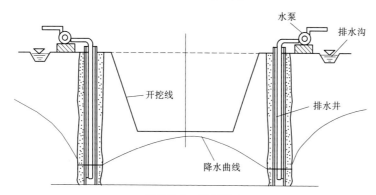

图 2.3-4 管井降水

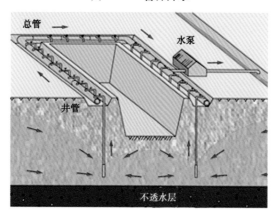

图 2.3-5 轻型井点降水

外堆放，且堆土高度不宜超过 1.5 m。在软土地区，不得在挖方上侧堆置土方。

2.3.9 质量控制要求：

2.3.9.1 槽底严禁被扰动，应保持无积水且不被水浸泡。沟槽底应洁净，无砖石瓦块、垃圾等杂物。

2.3.9.2 土方工程允许偏差项目见表 2.3-3。

表 2.3-3　沟槽开挖允许偏差

序号	检查项目	允许偏差（mm）		检查数量		检查方法
				范围	点数	
1	槽底高程	土方	±20	两井之间	3	用水准仪测量
		石方	+20、−200			
2	槽底中线每侧宽度	不小于规定		两井之间	6	挂中线用钢尺量测，每侧计3点
3	沟槽边坡	不陡于规定		两井之间	6	用坡度尺量测，每侧计3点

2.3.9.3 给水工程管道基础一般为原状地基，原状地基的承载力必须符合设计要求。如原状地基承载力较差，应按设计和规范要求进行加固处理。

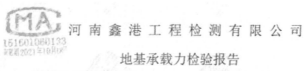

图 2.3-6　管基承载力检测

2.4　管道敷设

2.4.1 工程所用的管材、管道附件和构（配）件等材料的合格证、质量证明文件和检验报告应齐全，检验合格后方可使用。

圣戈班

离心铸造球墨铸铁管

合格证

编号（NO.）：

圣戈班（徐州）铸管有限公司

致：郑州航空港港水务发展有限公司

　　首先感谢使用圣戈班产品。

　　我公司为贵单位提供的 100 支 DN 1000 的 K9 等级球墨
铸铁管道，经检验，其质量符合 GB/T13295-2013 标准要求，
准予销售。

顺颂

商祺！

圣戈班（徐州）铸管有限公司

2018年 1月 8 日

检 验 报 告

TEST REPORT

No：2018GT(G)0079

产品名称 Product Name	水用球墨铸铁管
受检单位 Inspected Body	圣戈班管道系统有限公司
检验类别 Kind of Test	委托检验

国家钢铁及制品质量监督检验中心

National Center for Quality Supervision and Test of Iron Steel & Products

图 2.4-1　球墨铸铁管管材、管件合格证及质量证明文件

续图 2.4-1

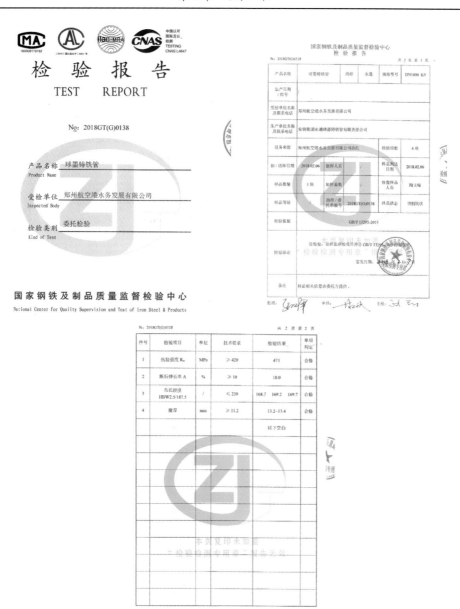

图 2.4-2　管材复检报告

2.4.2　材料运输、装卸、保存：管道在运输过程中应用垫木垫稳，不得受到剧烈撞击而碰伤；管道在装卸过程中应轻吊轻放，严禁抛掷和碰撞；管道应堆放在施工现场，应有楔木楔住，防止滚垛。每层管道之间加有软质垫木。无论在任何情况下都不得使管道摔落、相互撞击、自由滚动或沿地面拖拉。胶圈存放应注意避光，不要叠合挤压，应随用随进，不宜长期储存。

2.4.3　施工时管道承口方向应与水流方向一致。

2.4.4　安装前准备工作。

在管道安装前应将承口内壁、插口外壁及管道内腔清扫干净，检查管节是否存在裂纹、砂眼或碰伤等缺陷，不合格的管材、管件不得使用；承插口如有飞边、毛刺应予处理，以防划伤胶圈。胶圈和皮垫使用前必须逐个检查，不得有割裂、破损、气泡、大飞边等缺陷，胶圈必须有弹性，不得老化，冬季施工时应采用温水浸泡胶圈，使之恢复弹性。法兰盘应水线清晰，不得有划伤。

图 2.4-3　管道之间加软质垫木　　　图 2.4-4　给水用 T 型胶圈　　　图 2.4-5　给水用 T 型胶圈合格证

国家橡胶密封制品质量监督检验中心
西北橡胶塑料研究设计院有限公司
橡胶密封制品检验实验室　　　　　　No 2017110

检 验 报 告

产品名称　　EPDM（50 度、90 度）

委检单位　　郑州航空港水务发展有限公司

检验类别　　委 托 检 验

国家橡胶密封制品质量监督检验中心

检 验 报 告

共3页　第1页

产品名称	EPDM（50 度、90 度）	商 标	/
型号规格等级	/	生产工艺	/
任务来源文号	委托检验合同书	样品编号	2017110
委检单位	郑州航空港水务发展有限公司	检验类别	委托检验
生产单位	马鞍山宏力橡胶制品有限公司		
抽样情况	抽样地点 /	所抽批生产日期	/
	样本基数 /	抽样量	/
	抽样方式 /	抽样日期	/
	抽样人 /	到样日期	/
委托样品送样人 刘明保	到样日期 2017年3月10日	样品数量	各2kg
检验依据 判定日期	GB/T 21873-2008/ ISO4633:2002(50、90 硬度级) 2017年3月21日		
检验项目	各十项		
检验起迄日期	2017年3月10日~2017年3月21日		
检验结论	检验结果符合 GB/T 21873-2008/ ISO4633:2002 (50、90 硬度级) 的指标要求。　　　　　　　　　签发日期：2017年3月21日		
备注			
委检单位地址	河南省郑州市航空港区	邮政编码	/
电 话	13525573600	传 真	/

批准：曹云礼　审核：　　　制表（主检）：

共3页　第2页

试验地点：试验室　　　　　　试验日期：2017年3月13日

序号	试验项目		指标	试验结果	试验方法
1	硬度（IRHD）		50±5	46	GB/T 6031-1998
2	拉伸强度　最小　MPa		9	13	GB/T 528-2009
3	拉断伸长率　最小　%		375	655	GB/T 528-2009
4	热空气老化（70℃×7d）				GB/T 3512-2014
	硬度变化（IRHD）		-5~+8	0	GB/T 6031-1998
	拉伸强度变化率　最大　%		-20	-11	GB/T 528-2009
	拉断伸长率变化率 最大 %		-30~+10	-4	GB/T 528-2009
5	压缩永久变形　最大　% （23℃×72h，压缩率 25%）		12	5	GB/T 7759.1-2015
6	压缩永久变形　最大　% （70℃×24h，压缩率 25%）		20	14	GB/T 7759.1-2015
7	压缩永久变形　最大　% （-10℃×72h，压缩率 25%）		40	36	GB/T 7759.2-2014
8	压缩应力松弛　最大　% （23℃×7d，压缩率 25%）		14	8	GB/T 1685-2008
9	水中体积变化率　% （70℃×7d）		-1~+8	+2.6	GB/T 1690-2010
10	耐臭氧 （50×10⁻⁸，40℃×48h，拉伸 20%）		无龟裂	无龟裂	GB/T 7762-2014

备注：

图 2.4-6　给水用 T 型胶圈复检报告

2.4.5　下管

管子吊装前，应在槽底承口位置开挖操作坑，以保证管身全部着地且受力均匀。

使用吊车把需安装的管子完整无损地下到沟槽内，管子两端不要碰撞槽壁，不得污染管道，吊车站位不得影响沟槽边坡的稳定。

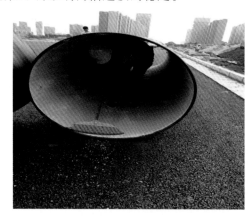

图 2.4-7　管道敷设前对管道进行清扫

图 2.4-8　管道敷设施工

2.4.6　胶圈接口安装

2.4.6.1　将胶圈清理洁净，将胶圈弯成心形或梅花形，放置承口槽内就位，橡胶圈位置应准确，不得扭曲、外露。

2.4.6.2　清理插口外表面，插口端应是圆角并有一定锥度。承口内胶圈的内表面刷润滑油。润滑油应对水、胶圈、材料和人均无副作用，必须使用专用润滑剂。承插口连接时，两管节中轴线应保持同心，承口、插口部位无破损、变形、开裂。

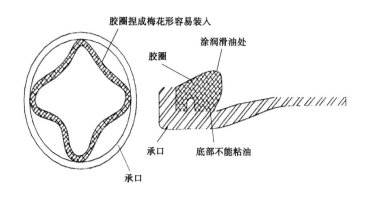

图 2.4-9　胶圈安装型式及涂抹润滑剂

2.4.6.3　安装接口时，顶、拉速度应缓慢均匀，并应有专人查胶圈滑入情况。插口推入深度应符合要求（管道的推入深度应达到管道的标记环），用探尺插入承插口之间检查橡胶圈各部的环向位置，确定胶圈在同一深度，其允许偏差应为 ±3 mm。管道安装应平直，无突起、突弯现象。管节安装完成后，及时在管道两侧回填土方稳固管道，确保在下一个管节安装之前管道不移动。

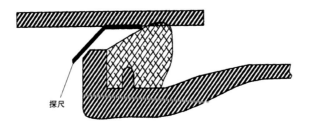

图 2.4-10　用探尺检查胶圈

2.4.7　法兰接口安装

法兰接口连接时，法兰之间的纵向轴线一致，连接螺栓终拧扭矩应符合设计或产品使用说明要求；接口连接后，连接部位及连接件应无变形、破损；在沟槽覆土回填前，应在螺栓处涂抹润油脂并进行封裹。

图 2.4-11　法兰接口安装后封裹

2.4.8　当操作工序中断或停工时，应及时封堵管道上所有外露管口，以防止异物进入。

图 2.4-12　管端临时封堵

2.4.9 质量控制要求

2.4.9.1 上胶圈之前注意：不能把润滑剂刷存承口内表面，不然会导致接口失败。

2.4.9.2 胶圈接口的管道对接时，管道的受力点处应加设隔垫，以防进管受力时损伤管道。

2.4.9.3 管道承插口（胶圈接口）的环向间隙应均匀，承插口的纵向间隙不应小于 3 mm。

2.4.9.4 曲线安装时，管道的最大允许转角应符合表 2.4-1 的要求。

表 2.4-1　管道的最大允许转角

管径（mm）	最大允许转角（°）
75～600	3
700～800	2
≥900	1

2.4.9.5 管道敷设的允许偏差（mm）应符合表 2.4-2 的要求。

表 2.4-2　管道敷设的允许偏差

	检查项目		允许偏差（mm）		检查数量		检查方法
					范围	点数	
1	水平轴线		无压管道	15	每节管	1 点	经纬仪测量或挂中线用钢尺量测
			压力管道	30			
2	管底高程	$D_i \leq 1\,000$	无压管道	±10			水准仪测量
			压力管道	±30			
		$D_i > 1\,000$	无压管道	±15			
			压力管道	±30			

2.4.9.6 球墨铸铁管在安装时，尽量避免截管。

2.4.9.7 管道弯头和三通等部件上有推力作用时，应设支墩，防止管道移位。

2.4.9.8 管道安装后，应及时回填，防止下雨发生漂管事故。

2.5　阀门设备安装

2.5.1 安装前，根据设计图纸认真核对阀门型号、规格、法兰及螺栓的规格和数量，检查出厂合格证明及外观质量，检查填料及压盖螺栓的调节余量及阀门的开启度和灵活度。

2.5.2 安装时，在地面将阀门关闭，然后将其与两端的法兰或承（插）盘短管用螺栓紧固，最后再与主管道连接。

2.5.3 阀门的传动装置和操作机构要求动作灵活可靠，无卡涩现象。不允许有渗漏现象。

2.5.4 质量控制要求：

阀门在吊装时，吊装带不能系在手轮或阀杆上，以免损坏。阀门安装后，法兰连接应平整、紧密，螺栓长度一致，且螺栓帽在同一侧。螺栓拧紧后伸出螺帽不少于 1～3 丝。阀门支墩稳定、牢靠、与阀底接触充分。阀门开启灵活、方便。阀门两侧的管道应保持平直，拆卸方便。

 武汉大禹阀门股份有限公司

质

量

证

明

书

2015 年 3 月

公司(工厂)地址：武汉市经济技术开发区沌阳民营科技工业园

公司（工厂）电话:027-84295866　　　公司（工厂）传真:027-84296196

图 2.5-1　阀门设备合格证及质量证明文件

武汉大禹阀门股份有限公司
质 保 书

证明本公司出售下列产品:

项次	产品代号	说明	口径	数量	备注
1.	Z45X-10-100	闸阀	100	23	
2.	Z45X-10-200	闸阀	200	6	
3.	Z45X-10-300	闸阀	300	2	
4.	Z45X-10-400	闸阀	400	2	
5.	Z45X-10-100	闸阀	100	4	
6.	Z45X-10-200	闸阀	200	4	
7.	D341X-10-600	手动蝶阀	600	6	
8.	D341X-10-800	手动蝶阀	800	4	
9.	VSSJA-10-600	伸缩节	600	6	
10.	VSSJA-10-800	伸缩节	800	4	
	以下空白				

上列产品于出厂前均经过各项严格质量试验及检验,自交货之日起在正常状况下产品质保期为十八个月,但非人力所能抗拒的灾害、外力破坏及未经本公司同意而私自拆卸者不在本质保范围之列。

此致

生产商:武汉大禹阀门股份有限公司
签　章:
日　期:2015-3-30

DY-482-012(A版)

武汉大禹阀门股份有限公司
弹性座封闸阀　产品质量检验书

型号: Z45X　　口径: 200 mm　　压力: 1.0Mpa

数量: 6

序号	检验项目	技术要求	结论
1	壳体强度试验	压力 P=1.5Mpa 时间 t≥180 秒	合格
2	密封性能试验	压力 P=1.1Mpa 时间 t≥180 秒	合格
3	性能试验	符合 GB/T13927-2008 标准	合格
4	法兰规格	符合 GB/T17241.6-2008 标准	合格
5	涂装	■喷 塑(蓝色) □油 漆(蓝色)	合格
6	阀体材质	■QT450-10 □WCB	合格
备注	检验员	夏丽珍	
	品管经理	刘敏华	(公章)
	日　期	2015-3	

安徽省涉及饮用水卫生安全产品 卫生许可批件

共 2 页 第 1 页

产品名称	给、排水系列橡胶密封件
产品类别	生活饮用水输配水设备
产品规格或型号	-
申请单位	马鞍山宏力橡胶制品有限公司
申请单位地址	马鞍山慈湖昭明路 466 号
实际生产企业	马鞍山宏力橡胶制品有限公司
实际生产企业地址	马鞍山慈湖昭明路 466 号
审批结论	经审核,该产品符合《生活饮用水卫生监督管理办法》的有关规定,现予批准。
批准文号	皖卫水字 (2002) 第 号
批准日期	2015 年 1 月 5 日
批件有效期	截至 2019 年 1 月 4
附件	产品说明、主要成分或配方、检验范围
备注	1.本批件只对所载明内容(包括名称、类别、规格、申请单位、企业、附件内容等)一致的产品有效,且必须在本批件注明的实际生产企业生产。 2.批准时仅对其所申报材料对应产品的卫生安全性进行了审核,未对其所宣传的功效和其他质量问题进行评价。

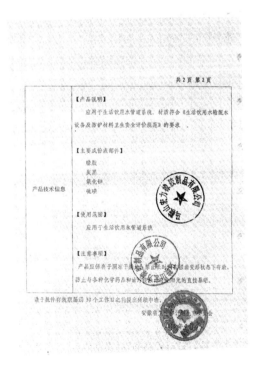

续图 2.5-1

图 2.5-2　蝶阀组安装

图 2.5-3　闸阀组安装

2.6　沟槽回填

2.6.1　沟槽回填前应符合下列要求：

2.6.1.1　回填施工前首先应将落入沟内的石块、垃圾等杂物清理干净，排除沟内积水。

2.6.1.2　井点降水的施工地段，应在回填土高度超过地下水位后，方可停止抽水。

2.6.1.3　管道及其附属设备安装经验收后及时回填，一旦开始回填，要尽快完成，不允许将已完成的管道长期外露。

2.6.1.4　有沟槽支撑时，随着回填的进展逐步拆除沟槽支撑，保证沟槽支撑的拆除不会影响施工的安全。

2.6.2　沟槽回填要求：

2.6.2.1　槽底至管顶以上 50 cm 范围内，回填土不得含有有机物、树根及直径大于 50 mm 的砖石等硬块。

2.6.2.2　管道两侧和管顶以上 50 cm 范围内的回填材料，应由沟槽两侧对称运入槽内，不得直接扔在管道上，以免引起管道轴线位移和接口变形。回填其他部位时，应均匀运入槽内，不得集中推入。

2.6.2.3　槽底至管顶以上 0.5 m 范围内，夯实要在管线两侧同时进行，分层夯实，每层虚铺厚度不超过 20 cm。在夯实过程中应特别注意，不得使管道接口和管道防腐层受到破坏。

2.6.2.4　管顶上方 50 cm 处应铺设警示带。

2.6.2.5　槽底至管顶以上 0.5 m 范围内，必须采用人工方式分层夯实。每层铺土的厚度为 0.2 m 为宜。夯打时应一夯压半夯，全面夯实。每层回填土应夯实 3~4 遍。

2.6.2.6　分段分层填土，交接处应填成阶梯形，每层互相搭接，其搭接长度应不少于每层填土厚度的 2 倍，上下层错缝距离不少于 1 m。

2.6.2.7　夯实时要夯夯相连，采用机械碾压时，重叠的宽度大于 200 mm。

2.6.2.8　为使回填土方具有最佳湿度以便更好地回填，应根据现场具体情况洒水或翻晒。

2.6.3　井室周围回填：

2.6.3.1　阀井周围回填在阀井砌体达到设计强度后进行。

2.6.3.2　阀井周围的回填与管沟回填同时进行，当不便同时进行时，要留有台阶形接槎。

图 2.6-1　沟槽回填夯实　　　　　　　　图 2.6-2　警示带铺设

河南鑫港工程检测有限公司
压实度试验检测报告

委托单编号：WT-SZ1703052827　　　　　　报告编号：SZ-XC1703052034I

委托单位	郑州航空港水务发展有限公司		
施工单位	河南省创业市政工程有限公司		
工程名称	郑州航空港经济综合实验区（郑州新郑综合保税区）郑港十一路给水工程		
工程部位	桩号2+050-2+150段沟槽管胸腔第一层		
样品名称	压实度（环刀法）	检验性质	委托检验
最大干密度（g/cm³）	1.72	最佳含水率(%)	14.1
检验日期	2017.05.20	报告日期	2017.05.20
检验依据	《给水排水工程施工及验收规范》GB50268-2008 依据图纸设计要求		
所检项目	桩号	设计要求	实测值
压实度（%）	K2+070	≥95	95.9
压实度（%）	K2+100	≥95	95.3
压实度（%）	K2+140	≥95	95.9
		以下空白	
检验结果	依据 JTG E60-2008 规程，所检项目符合设计要求。		
备注	委托人：王勇 取样人：王勇（H41150060000190） 见证人：王涛（H41170050100172） 监理单位：河南诚信工程管理有限公司		
注意事项	1.报告无测试报告专用章及计量认证章无效。 2.报告无检验、审核、批准签章或签字无效。复印报告未加盖测试报告专用章无效。3.报告涂改无效。4.委托送检的，其检验、检测数据结果仅对来样负责。5.对检验报告若有异议，应于改到报告之日起十五日内向检测单位提出，逾期不予办理。地址：郑州市中原区陇海西路350号友帆国际广场15层 电话：0371-55185332，传真：0371-55185332，电子邮箱：xingangjiance@sina.com		

检验人：连昭远 李春　　　审核人：　　　批准人：　　　　　　　　第1页 共1页

图 2.6-3　沟槽回填土压实度检测

2.6.3.3 阀井周围回填压密时，沿阀井中心对称进行，不得偏夯或漏夯，保证阀门井外壁与周边密实无隙。

2.6.3.4 路面范围内的井室周围，应按设计要求或采用石灰土、砂、砂砾等材料回填，其宽度不宜小于 40 cm。

2.6.3.5 严禁在槽壁取土回填。

2.7 附属构筑物施工（支墩浇筑）

2.7.1 支墩应在管节接口做完、管节位置固定后修筑。

2.7.2 支墩宜采用混凝土浇筑，其强度等级不应低于设计要求。

2.7.3 管道及管件支墩施工完毕，并达到强度要求后方可进行水压试验。

2.7.4 混凝土构筑物必须表面光滑，无蜂窝、麻面、露筋等现象出现。

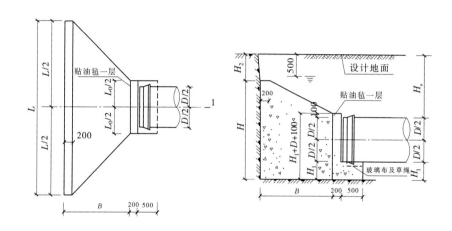

图 2.7-1　盲板后背支墩标准图

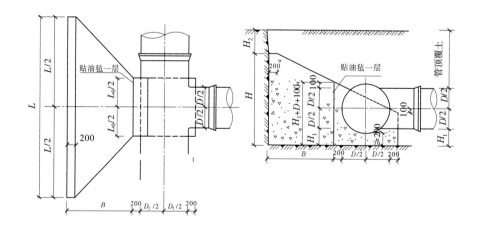

图 2.7-2　三通支墩标准图

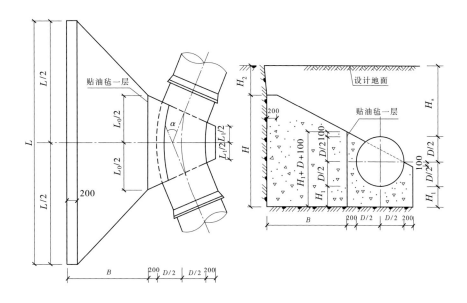

图 2.7-3　水平弯头支墩标准图

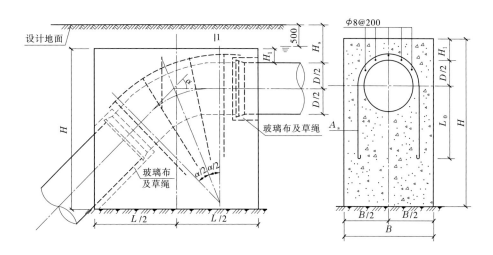

图 2.7-4　下翻弯头支墩标准图

2.8　附属构筑物施工（井室砌筑）

2.8.1　砌筑用砂浆的强度必须满足设计的规定。井壁砂浆应饱满，砖缝平顺。

2.8.2　井体水平和竖向灰缝厚度控制在 8 ~ 12 mm，竖缝应错开，圆弧段的竖向灰缝，其内侧灰缝宽度不应小于 5 mm，外侧灰缝不大于 13 mm。

2.8.3　井室砌筑时应同时安装爬梯、穿墙套管等构件，位置应准确。爬梯安装后，在砌筑砂浆未达到规定抗压强度前不得踩踏。穿墙套管与管道的间隙内用沥青油麻填实，两端用砂浆堵严。

2.8.4　砌筑至规定高程后，及时安装井盖板，抹灰后再安装井盖及井圈。盖板、井盖必须完整无损，安装平稳，位置正确。

2.8.5 井底平顺，坡向集水坑。

图 2.8-1　井室内部

图 2.8-2　安装球墨铸铁井盖

2.9　管道试压

2.9.1　管道试压前应符合下列规定：

2.9.1.1　埋地管道试压应在管道安装检查合格，且沟槽回填至管顶以上不少于 0.5 m 情况下进行。

2.9.1.2　管件的支墩、锚固设施已达设计强度。

2.9.1.3　试验管段不得采用阀门做试压堵板，不得有消火栓、安全阀等附件。

2.9.1.4　水压试验的分段长度不宜大于 1 km。

2.9.1.5　试压管段的后背应设在原状土或人工后背上；土质松软时，应采取加固措施；试压时，工作坑内严禁站人，其周围应设专人进行警戒和观察；后背墙面应平整，并应与管道轴线垂直。

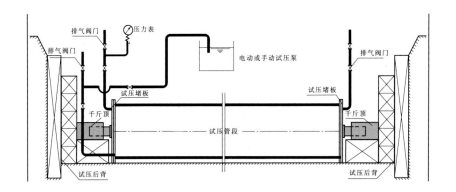

图 2.9-1　管道水压试验安装示意图

2.9.1.6 试压水泵注水一般应设置在试验管线的高程较低的一端,试压水泵和压力表应设在沟槽外,以便读表和控制注水。

2.9.1.7 试验用的压力表其准确度等级不低于 1.5 级,最大量程宜为试验压力的 1.2~1.5 倍,表壳的直径不小于 150 mm,并在检定有效期内。

2.9.1.8 试验管段灌满水后,应在不大于工作压力条件下充分浸泡后再进行试压。浸泡时间:无水泥砂浆衬里,不少于 24 h;有水泥砂浆衬里,不少于 48 h。

2.9.2　试压步骤

2.9.2.1　试压准备

试压前应对管线上的管件及附属设备进行仔细检查,看是否有漏水的可能性。同时,应认真检查管道中的阀门,确保阀门的启闭状态符合方案要求。

2.9.2.2　试压灌水

将压力泵接到试压短管上对管道进行灌水。在灌水过程中应有专人 24 h 沿线巡视,发现问题及时报告,同时应在管线最高点及时排气。水灌满管道后,应对管道进行充分的浸润。

2.9.2.3　压力试验

浸泡完成后,方可对管道进行压力试验,进行压力试验时应通知业主和监理到现场进行验证。

预试验阶段:将管道内水压缓缓地升至试验压力,应保持升压速度稳定,并以 0.2~0.3 MPa 为一级进行分级升压;每升一级应检查后背、支墩、管身及接口,当无管道接口,配件等处无漏水、损坏或其他异常现象时,再继续升压;每次分级升压前应先对试压管段进行排气处理。

主试验阶段:停止注水补压,稳定 15 min,当 15 min 后压降不超过规范要求的允许压力降数值时,将试验压力将至工作压力,并保持恒压 30 min;进行外观检查,若无漏水现象,则压力试验合格。

图 2.9-2　管道试压

2.9.2.4 试压试验结束后应及时排空管道内的试压用水。

2.10 冲刷消毒

2.10.1 管线冲刷应符合下列规定：

2.10.1.1 冲刷消毒前应编制冲刷消毒方案，并经监理单位和业主单位审批后方可实施。

2.10.1.2 应采用洁净的冲刷水源。

2.10.1.3 冲刷出水口管径不得小于主管管径的 1/2。

2.10.2 管道冲刷消毒分两阶段进行：

2.10.2.1 第一阶段：管道第一次冲洗应用清洁水冲洗至出水口水样浊度小于 3 NTU，冲洗流速应大于 1.0 m/s。

图 2.10-1　取水样

2.10.2.2 第二阶段：管道第二次冲洗应在第一次冲洗后，用有效氯离子含量不低于 20 mg/L 的清洁水浸泡 24 h 后，再用清洁水进行第二次冲洗直至浊度小于 1 NTU，且经水质检测部门取样化验合格。

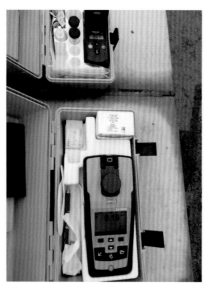

图 2.10-2　浊度检测

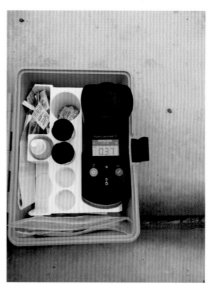

图 2.10-3　余氯检测

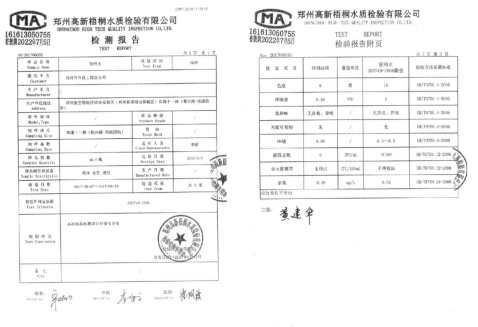

图 2.10-4　水质检测报告

第 3 章　燃气工程

3.1　质量控制流程图

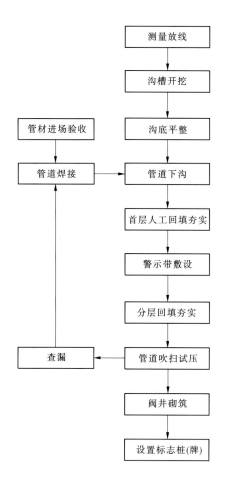

图 3.1-1　质量控制流程图

3.2　测量放线

3.2.1　天然气管线应按照设计图纸进行放线，控制管道的平面布置、高程、坡度，与其他管道或设施的间距应满足表 3.2-1 及表 3.2-2 的规定。

表 3.2-1　次高压、中压、低压地下燃气管道与建（构）筑物
或相邻管道之间的水平净距　　　　　　　　　　（单位：m）

项目		地下燃气管道压力（MPa）				
		低压	中压		次高压	
			B	A	B	A
		<0.01	≤0.2	≤0.4	0.8	1.6
建筑物	基础	0.7	1.0	1.5	—	—
	外墙面（出地面处）	—	—	—	5.0	13.5
给水管		0.5	0.5	0.5	1.0	1.5
污水、雨水排水管		1.0	1.2	1.2	1.5	2.0
电力电缆（含电车电缆）	直埋	0.5	0.5	0.5	1.0	1.5
	在导管内	1.0	1.0	1.0	1.0	1.5
通信电缆	直埋	0.5	0.5	0.5	1.0	1.5
	在导管内	1.0	1.0	1.0	1.0	1.5
其他燃气管道	DN≤300 mm	0.4	0.4	0.4	0.4	0.4
	DN>300 mm	0.5	0.5	0.5	0.5	0.5
热力管	直埋	1.0	1.0	1.0	1.5	2.0
	在管沟内（至外壁）	1.0	1.5	1.5	2.0	4.0
电杆（塔）的基础	≤35 kV	1.0	1.0	1.0	1.0	1.0
	>35 kV	2.0	2.0	2.0	5.0	5.0
通信照明电杆（至电杆中心）		1.0	1.0	1.0	1.0	1.0
铁路路堤坡脚		5.0	5.0	5.0	5.0	5.0
有轨电车钢轨		2.0	2.0	2.0	2.0	2.0
街树（至树中心）		0.75	0.75	0.75	1.2	1.2

表 3.2-2　次高压、中压、低压地下燃气管道与构筑物
或相邻管道之间的垂直净距　　　　　　　　（单位：m）

项目		地下燃气管道（当有套管时，以套管计）
给水管、排水管或其他燃气管道		0.15
热力管、热力管的管沟底（或顶）		0.15
电缆	直埋	0.50
	在导管内	0.15
铁路（轨底）		1.20
有轨电车（轨底）		1.00

3.2.2　施工单位应会同建设等有关单位，核对管道路由、相关地下管道以及构筑物的资料，必要时局部开挖核实。

图 3.2-1　测量放线

3.3　沟槽开挖

3.3.1　管道沟槽应按设计规定的平面位置和标高开挖。当采用人工开挖且无地下水时，槽底部预留值宜为 0.05 ~ 0.10 m；当采用机械开挖或有地下水时，槽底部预留值不应小于 0.15 m；管道安装前应人工清底至设计标高。

图 3.3-1　管沟开挖

3.3.2　单管沟沟底宽度应根据现场实际情况和管道敷设方法确定，也可按表 3.3-1 确定。

表 3.3-1　沟底宽度尺寸

管道公称管径（mm）	50~80	100~200	250~350	400~450	500~600	700~800	900~1 000	1 100~1 200	1 300~1 400
沟底宽度（m）	0.6	0.7	0.8	1.0	1.3	1.6	1.8	2.0	2.2

3.3.3　在无地下水的天然湿度土壤中开挖沟槽时，如沟槽深度不超过表 3.3-2 的规定，沟壁可不设边坡。

表 3.3-2　不设边坡沟槽深度

土壤名称	沟槽深度（m）	土壤名称	沟槽深度（m）
填实的砂土或砾石土	≤1.00	黏土	≤1.50
亚砂土或亚黏土	≤1.25	坚土	≤2.00

图 3.3-2　管沟放坡

3.3.4　当土壤具有天然湿度、构造均匀、无地下水、水文地质条件良好且挖深小于 5 m，不加支撑时，沟槽的最大边坡率可按表 3.3-3 确定。

3.3.5　在无法达到要求时，应用支撑加固沟壁。对不坚实的土壤应及时做连续支撑，支撑物应有足够的强度。

3.3.6　沟底遇有废弃构筑物、硬石、木头、垃圾等杂物时必须清除，然后铺一层厚度不小于 0.15 m 的砂土或素土，并整平压实至设计标高。

表 3.3-3　深度在 5 m 以内的沟槽最大边坡率（不加支撑）

土壤名称	边坡率（1:n）		
	人工开挖并将土抛于沟边上	机械开挖	
		在沟底挖土	在沟边上挖土
砂土	1:1.00	1:0.75	1:1.00
亚砂土	1:0.67	1:0.50	1:0.75
亚黏土	1:0.50	1:0.33	1:0.75
黏土	1:0.33	1:0.25	1:0.67
含砾土卵石土	1:0.67	1:0.50	1:0.75
泥炭岩白垩土	1:0.33	1:0.25	1:0.67
干黄土	1:0.25	1:0.10	1:0.33

注：1. 如人工挖土抛于沟槽上即时运走，可采用机械在沟底挖土的坡度值。

　　2. 临时堆土高度不宜超过 1.5 m，靠墙堆土时，其高度不得超过墙高的 1/3 。

图 3.3-3　沟底平整

3.4　管道焊接防腐

3.4.1　管材进场

3.4.1.1　管道、设备入库前必须查验产品质量合格文件或质量保证文件等，并妥善保管。

3.4.1.2　管材、设备装卸时，严禁抛摔、拖拽和剧烈撞击。

3.4.1.3　堆放处不应有可能损伤材料、设备的尖凸物，并应避免接触可能损伤管道、设备的油、酸、碱、盐等类物质。

3.4.1.4　聚乙烯管道、钢骨架聚乙烯复合管道和已做防腐的管道，捆扎和起吊时应使用具有足够强度，且不致损伤管道防腐层的绳索（带）。

河南鑫港工程检测有限公司
管材检验检测报告

15160106013 有效期2021年10月18日

委托单号：WT-1801040121　　　　　　　　　报告编号：GC-1801040006

委托单位	郑州航空港兴港燃气有限公司		
施工单位	郑州航空港兴港燃气有限公司		
工程名称	郑州航空港经济综合实验区天然气利用工程		
工程部位	燃气管道		
样品名称	PE燃气管材	检验性质	委托检验
规格型号	De200，PE100，SDR11	送样日期	2018.04.11
代表批量		检验日期	2018.04.17
生产厂家	广东联塑科技实业有限公司	报告日期	2018.04.18
样品状态	完好、数量齐全		
主要检测设备名称和编号	电热鼓风干燥箱 HNXG-052、微机控制土工布强力试验机 HNXG-085		
检验依据	《燃气用埋地聚乙烯(PE)管道系统 第1部分 管材》GB 15558.1-2015		

序号	检验项目		标准要求	检验结果	单项结论
1	外观		管材的内外表面应清洁、平滑，不允许有气泡、明显的划伤、凹陷、杂质、颜色不均等缺陷。管材两端应切割平等，并与管材轴线垂直。	符合标准要求	合格
2	规格尺寸，mm	平均内径	110.0～110.7	110.4	合格
		壁厚	10.0～11.0	10.36	合格
3	纵向回缩率，%		≤3，表面无破坏	2.0	合格
4	断裂伸长率，%		≥350	466	合格
5	氧化诱导时间，min（热稳定性）		>20	44	合格
6	溶体质量流动速率（g/10min）		加工前后 MFR 变化<20%	7.3	合格
7	静液压强度（20℃ 12MPa 100h）		无破坏，无渗漏	试样均无破坏、无渗漏	合格
检验结果	所检项目符合《燃气用埋地聚乙烯(PE)管道系统 第1部分 管材》GB 15558.1-2015标准要求。				
备 注	委托人：李照龙				
注意事项	1.报告无检验检测专用章及计量认证章无效。2.报告无检验、审核、批准签章或签字无效，复印报告未加盖检验检测专用章无效。3.报告涂改无效。4.委托送检的，其检验、检测结果仅对来样负责。5.对检验检测报告有异议，应于收到报告之日起十五日内向我单位提出，逾期不予办理。地址：郑州市中原区陇海西路350号绿地国际广场15层。电话：0371-55185332；传真：0371-55185332；电子邮箱：xingangjiance@sina.com。				

检验人：李洋　夏飞　审核人：张书宏　批准人：高正

图3.4-1　管材检验报告

3.4.1.5　应按产品储存要求分类储存，堆放整齐、牢固，便于管理。

3.4.1.6　对易滚动的物件应做侧支撑，不得以墙、其他材料和设备做侧支撑体。

图3.4-2　管材吊装

图3.4-3　管材堆放

图 3.4-4　管材验收

3.4.2　钢管焊接

3.4.2.1　管道的切割及坡口加工宜采用机械方法,当采用气割等热加工方法时,必须除去坡口表面的氧化皮,并进行打磨。

3.4.2.2　焊件组对前及焊接前,应将焊接面上、坡口及其内外侧表面 20 mm 范围内的杂质、污物、毛刺等清理干净,并不得有裂纹、夹层等缺陷。

3.4.2.3　不应在管道焊缝上开孔。管道开孔边缘与管道焊缝的间距不应小于 100 mm。当无法避开时,应对以开孔中心为圆心、1.5 倍开孔直径为半径的圆所包容的全部焊缝进行 100% 射线照相检测。

表 3.4-1　常用焊接坡口形式和尺寸

序号	厚度 δ (mm)	坡口名称	坡口形式	坡口尺寸			说明
				间隙 c (mm)	钝边 p (mm)	坡口角度 α (°)	
1	$1 \sim 3$	I 形坡口		$0 \sim 1.5$	—	—	单面焊
	$3 \sim 6$			$0 \sim 2.5$			双面焊
2	$3 \sim 9$	V 形坡口		$0 \sim 2$	$0 \sim 2$	$60 \sim 65$	—
	$9 \sim 26$			$0 \sim 3$	$0 \sim 3$	$55 \sim 60$	
3		平焊法兰与管子接头		—	—	—	$E = T$,且不大于 6
4		承插焊管件与管子接头		1.5	—	—	

图3.4-5　钢管焊接

3.4.2.4　管道焊接完成后，强度试验及严密性试验之前，必须对所有焊缝进行外观检查和对焊缝内部质量进行检验，外观检查应在内部质量检验前进行。

3.4.2.5　管道对接焊缝组对时，对口错边量应符合表3.4-2及下列规定：

（1）只能从单面焊接的纵向和环向焊缝，其内壁错边量不应超过2 mm。

（2）当采用气电立焊时，错边量不应大于接头母材厚度的10%，且不大于3 mm。

表3.4-2　碳素钢和合金钢设备、卷管对接焊缝组对时的错边量　　（单位：mm）

焊件接头的母材厚度 T	错边量	
	纵向焊缝	环向焊缝
$T \leqslant 12$	$\leqslant T/4$	$\leqslant T/4$
$12 < T \leqslant 20$	$\leqslant 3$	$\leqslant T/4$
$20 < T \leqslant 40$	$\leqslant 3$	$\leqslant 5$
$40 < T \leqslant 50$	$\leqslant 3$	$\leqslant T/8$
$T > 50$	$\leqslant T/16$ 且 $\leqslant 10$	$\leqslant T/8$ 且 $\leqslant 20$

3.4.2.6　焊缝内部质量的抽样检验应符合下列要求：

（1）管道内部质量的无损探伤数量，应按设计规定执行。当设计无规定时，抽查数量不应少于焊缝总数的15%，且每个焊工不应少于一个焊缝。抽查时，应侧重抽查固定焊口。

（2）对穿越或跨越铁路、公路、河流、桥梁、有轨电车及敷设在套管内的管道环向焊缝，必须进行100%的射线照相检验。

图 3.4-6　焊口射线检测

171616300728
有效期2023年12月25日

开封中环工程检测科技有限公司

X 射 线 检 测 报 告

报告编号：　18-4-XR-SGLD-RT-01

工称名称：　郑州航空港第四标段

批准人：

审核人：

试验人：

无损检测专用章

地址:开封市化工路南段　　　　电话:0378-2905411

传真:0378-2905325　　　　　电子邮件:kfzhjc@163.com

图 3.4-7　焊口射线检测报告

四标.RT-SGLD

检 01	管道焊缝射线检测报告		单位工程名称：郑州航空港经济综合实验区天然气工程		
			工程编号：		0
报告编号	18-4-XR-SGLD-RT-01	共 9 页 第 1 页	施工承包商	安徽鑫源建设集团有限公司	
检测日期	2018年3月18日	桩号/线位号	XR-SGLD-K	检测比例	100%
规格	Φ325*6.4 mm	材质	Q235B	检测等级	AB
焊接方法	下向焊接	坡口形式	V型	设备型号	ZY-4C
源的种类	☑X射线 □Ir192 □Se75	焦点尺寸		2.0x2.0 mm	
胶片型号	柯达AA-400	铅增感屏		前屏 0.03mm 后屏 0.03mm	
胶片规格	1200*80 mm	显影剂型号/配方		套药	
胶片处理	☑自动 □手工	显影时间		1.5 min	
像质计型号	FE-III型（10-16）	显影温度		30 ℃	
像质计位置	□源侧 ☑胶片侧	要求像质指数	13	管电压	130 kV
管电流	5 mA	源强	/	Ci	
焦距	162 mm	曝光时间	20秒		
透照方式	☑单壁单影内透法	□双壁单影法		□双壁双影法	
检测标准	GB/T12605-2008	合格级别	II	底片黑度范围	2.0～4.0
检测数量	165 张	返修数量	0 张	一次合格率	100.0%

检测部位示意图：
介质流动方向

0 →

结论：见备注

评定人员：	审核人员：李刚	检测单位（盖章）	监理（签字）
级　别： II	级　别： II	无损检测专用章（9）	
2018年3月18日	2018年3月19日	2018年3月19日	2018年03月22日

续图 3.4-7

3.4.3　钢管敷设

3.4.3.1　管道在套管内敷设时，套管内的燃气管道不宜有环向焊缝。

3.4.3.2　管道下沟宜使用吊装机具，严禁采用抛、滚、撬等破坏防腐层的做法。吊装时应保护管口不受损伤。

3.4.3.3　管道在敷设时应在自由状态下安装连接，严禁强力组对。

3.4.3.4　当管道的纵断、水平位置折角大于 22.5° 时，必须采用弯头。

3.4.3.5　管道焊接完毕后应对焊口位置进行除锈，除锈后的钢管应及时进行防腐，如防腐前钢管再次锈蚀，必须重新除锈。

3.4.3.6　管道下沟前必须对防腐层进行100%的外观检查和电火花检漏；回填前应进行100%电火花检漏，回填后必须对防腐层完整性进行全线检查，不合格的必须返工处理直至合格。

3.4.4　聚乙烯管道焊接

3.4.4.1　管道连接前，应核对欲连接的管材、管件规格、压力等级；不宜有磕、碰、划伤，伤痕

图 3.4-8　焊口除锈

图 3.4-9　焊口补充防腐

图 3.4-10　钢管防腐层电火花检测

深度不应超过管材壁厚的 10%。

3.4.4.2　直径在 90 mm 以上的聚乙烯燃气管材、管件连接可采用热熔对接连接或电熔连接。直径小于 90 mm 的管材及管件宜使用电熔连接。

3.4.4.3　对不同级别、不同熔体流动速率的聚乙烯原料制造的管材或管件，不同标准尺寸比（SDR 值）的聚乙烯燃气管道连接时，必须采用电熔连接。

3.4.4.4　热熔连接的焊接接头连接完成后，应进行 100% 外观检验及 10% 翻边切除检验：

（1）翻边对称性检验，接头应具有沿管材整个圆周平滑对称翻边，翻边最低处的深度（A）不应低于管材表面。

（2）接头对称性检验，焊缝两侧紧邻翻边的外圆周的任何一处错边量（V）不应超过管材壁厚的 10%。

3.4.4.5　翻边切除检验，应使用专用工具，在不损伤管材和接头的情况下，切除外部的焊接翻边，翻边切除检验应符合下列要求：

（1）翻边应是实心圆滑的，根部较宽。

（2）翻边下侧不应有杂质、小孔、扭曲和损坏。

图 3.4-11　聚乙烯管材划痕检测

图 3.4-12　聚乙烯管材热熔焊接

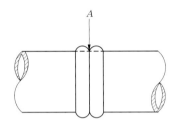

图 3.4-13　翻边对称性示意

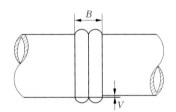

图 3.4-14　接头对称性示意

（3）每隔 50 mm 进行 180° 的背弯试验，不应有开裂、裂缝，接缝处不得露出熔合线。

图 3.4-15　聚乙烯管焊接质量检测

图 3.4-16　聚乙烯管道热熔焊口翻边切除

3.4.4.6　电熔连接的焊接接头连接完成后，应进行外观检查，并应符合以下要求：

（1）电熔管件端口处的管材或插口管件周边应有明显刮皮痕迹和明显的插入长度标记。

（2）聚乙烯管道系统，接缝处不应有熔融料溢出。

（3）电熔管件内电阻丝不应挤出。

（4）电熔管件上观察孔中应能看到有少量熔融料溢出，但溢料不得呈流淌状。

凡出现与上述条款不符合的情况，应判为不合格。

图 3.4-17 翻边检测

图 3.4-18 电熔焊接

3.4.4.7 钢塑过渡接头金属端与钢管焊接时，过渡接头金属端应采取降温措施，但不得影响焊接接头的力学性能。

3.4.4.8 钢塑过渡连接完成后，其金属部分应按设计要求的防腐等级进行防腐，并检验合格。

3.4.4.9 管道连接完成后，应进行序号标记，并做好记录。

3.4.5 聚乙烯管道敷设

3.4.5.1 管道应在沟底标高和管基质量检查合格后，方可下沟。

3.4.5.2 管道安装时，管沟内积水应抽净，每次收工时，敞口管端应临时封堵。

3.4.5.3 管道下沟时应防止划伤、扭曲和强力拉伸。

3.4.5.4 聚乙烯燃气管道利用柔性自然弯曲改变走向时，其弯曲半径不应小于 25 倍的管材外径。

3.4.5.5 聚乙烯燃气管道敷设时，应在管顶同时随管道走向敷设示踪线，示踪线的接头应有良好的导电性。

3.4.5.6 聚乙烯燃气管道敷设完毕后，应对外壁进行外观检查，不得有影响产品质量的划痕、磕碰等缺陷；检查合格后，方可对管沟进行回填，并做好记录。

3.5 管道下沟回填

3.5.1 一般规定

3.5.1.1 管道下沟前，应清除沟内的所有杂物，管沟内积水应抽净。

3.5.1.2 回填土应分层压实，每层虚铺厚度 0.2 ~ 0.3 m，管道两侧及管顶以上 0.5 m 内的回填土必须采用人工压实，管顶 0.5 m 以上的回填土可采用小型机械压实，每层虚铺厚度宜为 0.25 ~ 0.4 m。

3.5.1.3 回填土压实后，应分层检查密实度，并做好回填记录。沟槽各部位的密实度应符合图 3.5-1 的要求：

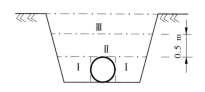

图 3.5-1 回填土断面图

（1）对Ⅰ、Ⅱ区部位，密实度不应小于 90%。

（2）对Ⅲ区部位，密实度应符合相应地面对密实度的要求。

3.5.1.4 为防止开挖破坏燃气管道，埋设燃气管道的沿线应连续敷设警示带。警示带敷设前应对

图 3.5-2 沟槽回填压实度检测报告

敷设面压实，并平整地敷设在管道的正上方，距管顶的距离宜为 0.3 ~ 0.5 m，但不得敷设于路基和路面里。

3.5.1.5 警示带平面布置可按表 3.5-1 的规定执行。

表 3.5-1 警示带平面布置

管道公称管径（DN）	≤ 400	> 400
警示带条数	1	2
警示带间距（mm）	—	150

3.5.1.6 警示带宜采用黄色聚乙烯等不易分解的材料，并印有明显、牢固的警示语，字体不宜小于 100 mm × 100 mm。

图 3.5-3　警示带敷设

3.5.2　管道穿（跨）越

燃气管道穿越铁路、公路、河流、城市主要道路安装应符合下列要求：

（1）聚乙烯管道应减少接口，且穿越前应对连接好的管段进行强度和严密性试验。钢管焊缝应进行100%的射线照相检查。

（2）钢管的防腐应为特加强级。

（3）用导向钻回拖管道时，应采取有效措施防止回拖过程中管材或防腐层损伤，回拖过程中应根据需要不停注入配制的泥浆。

（4）聚乙烯管道穿越曲率半径不应小于500倍的管径。

（5）钢管敷设的曲率半径应满足管道强度要求，且不得小于钢管外径的1 500倍。

3.6　管道吹扫试压

3.6.1　一般要求

3.6.1.1　管道安装完毕，在外观检查合格后，应对全系统进行分段吹扫。吹扫合格后，方可进行强度试验和气密性试验。

3.6.1.2　燃气管道穿（跨）越大中型河流、铁路、二级以上公路、高速公路时，应单独进行试压。

3.6.2　管道吹扫

3.6.2.1　管道吹扫应按下列要求选择气体吹扫或清管球清扫：

（1）球墨铸铁管道、聚乙烯管道、钢骨架聚乙烯复合管道和公称直径小于100 mm或长度小于100 m的钢质管道，可采用气体吹扫。

（2）公称直径大于或等于100 mm的钢质管道，宜采用清管球进行清扫。

3.6.2.2　管道吹扫应符合下列要求：

（1）吹扫管段内的调压器、阀门、孔板、过滤网、燃气表等设备等不应参与吹扫，待吹扫合格后再安装复位。

（2）吹扫压力不得大于管道的设计压力，且不应大于0.3 MPa。

（3）吹扫介质宜采用压缩空气，严禁采用氧气等可燃性气体。

（4）吹扫合格，设备复位后，不得再进行影响管内清洁的其他作业。

3.6.2.3　气体吹扫应符合下列要求：

（1）吹扫气体流速不宜小于 20 m/s。

（2）每次吹扫管道的长度不宜超过 500 m；当管道长度超过 500 m 时，宜分段吹扫。

（3）当管道长度在 200 m 以上，且无其他管段或储气容器可利用时，应在适当部位安装吹扫阀，采取分段储气，轮换吹扫；当管道长度不足 200 m 时，可采用管段自身储气放散的方式吹扫，打压点与放散点应分别设在管道的两端。

（4）当目测排气无烟尘时，应在排气口设置白布或涂白漆木靶板检验，5 min 内靶上无铁锈、尘土等其他杂物为合格。

3.6.3　强度试验

3.6.3.1　试验用压力计的量程应为试验压力的 1.5~2 倍，其精度不应低于 1.5 级。

3.6.3.2　强度试验压力和介质按设计图纸要求执行。

3.6.3.3　强度试验稳压的持续时间应为 1 h，无压力降为合格。

3.6.3.4　经分段试压合格的管段相互连接的焊缝，经射线照相检验合格后，可不再进行强度试验。

3.6.4　严密性试验

3.6.4.1　严密性试验应在强度试验合格、管线回填后进行。

3.6.4.2　严密性试验介质及试验压力按照图纸要求执行。

3.6.4.3　严密性试验稳压的持续时间应为 24 h，每小时记录不应少于 1 次，当修正压力降小于 133 Pa 时为合格。修正压力降应按下式确定：

$$\Delta P' = (H_1 + B_1) - (H_2 + B_2)(273 + t_1)/(273 + t_2)$$

式中　$\Delta P'$——修正压力降，Pa；

　　　H_1、H_2——试验开始和结束时的压力计读数，Pa；

　　　B_1、B_2——试验开始和结束时的气压计读数，Pa；

　　　t_1、t_2—— 试验开始和结束时的管内介质温度，℃。

3.6.4.4　所有未参加严密性试验的设备、仪表、管件，应在严密性试验合格后进行复位，然后按设计压力对系统升压，应采用发泡剂检查设备、仪表、管件及其与管道的连接处，不漏为合格。

图 3.6-1　管道试压

3.7 阀门安装及阀井

3.7.1 阀门安装时应检查产品质量合格文件。

3.7.2 对直埋的阀门，应按设计要求做好阀体、法兰、紧固件及焊口的防腐。

3.7.3 回填土应先将井盖盖好，在井壁四周同时回填并分层夯实，压实度应满足相应路面技术要求。

3.7.4 井内按设计要求用素土分层填实。

3.7.5 检查井盖采用球墨铸铁防盗井盖及盖座，检查井井盖尺寸与承载能力符合设计要求。

3.7.6 爬梯踏步安装时，踏步中线径向外露长度为 100 mm。

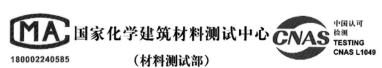

地址：北京市朝阳区北三环东路14号北京化工研究院(和平东桥向东200米路南)　邮编：100013　网址：www.plastic-test.net
电话：(010) 64208747、　64200694、　64224642、　84290301、　59202479　传真：(010) 59202784

检 验 报 告

报告编号：2018(G)09024　　　　　　　　　　　　共 2 页 第 1 页

委托单位	郑州航空港兴港燃气有限公司	检验类别	委托检验
生产单位	宁波市宇华电器有限公司	生产日期	/
样品名称	燃气用聚乙烯（PE）阀门	注册商标	宇华
样品规格	d_n160	样品外观	黑色
抽样基数	/	样品标识	G-201808130
抽样数量	/	产品批号	/
封样地点	/	委托日期	2018.08.17
封样单位	/	封样日期	/
检验结论	所检阀门根据委托单位要求的检验项目，按照相应国家标准进行检验，并按照 GB/T 15558.3-2008 "燃气用埋地聚乙烯（PE）管道系统 第 3 部分：阀门" 中 PE100 级阀门要求进行判定，所检结果详见第 2 页。 签发日期：2018 年 09 月 04 日		
备 注	/		

批准：　　　　　　　　　　　审核：

图 3.7-1　阀门质量检测报告

国家化学建筑材料测试中心
（材料测试部）

180002240585

中国认可
检测
TESTING
CNAS L1049

地址：北京市朝阳区北三环东路14号北京化工研究院(和平东桥向东200米路南)　邮编：100013　网址：www.plastic-test.net
电话：(010) 64208747、　64200694、　64224642、　84290301、　59202479　传真：(010) 59202784

检　验　报　告

报告编号：2018(G)09024　　　　　　　　　　　共 2 页 第 2 页

序号	检 验 项 目	技 术 要 求	检验结果	单项判定	检验方法
1	外观	阀门内、外表面应洁净，不应有缩孔(坑)、明显的划痕和可能影响性能的其它表面缺陷。	通过	合格	目测
2	规格尺寸，mm	$160.0 \leq$平均外径$D_1 \leq 161.0$ 管状部分的长度$L_2 \geq 98$ 不圆度≤ 2.4	160.2 156.5 0.6	合格	GB/T 8806-2008
3	静液压强度	80℃，环应力5.4MPa，165h 无破坏，无渗漏	通过	合格	GB/T 6111-2003
4	密封性能试验	1）23℃，2.5×10^{-3}MPa，24h 无破坏，无泄漏	通过	合格	GB/T 15558.3-2008 9.5
		2）23℃，0.6MPa，30s 无破坏，无泄漏	通过	合格	
5	操作扭矩，Nm	≤ 150	通过	合格	GB/T 15558.3-2008 附录C
6	止动强度	止动部分无破坏 无内部或外部泄漏	通过	合格	GB/T 15558.3-2008 附录C
7	氧化诱导时间，min （200℃）	>20	70.1	合格	GB/T 17391-1998
8	熔体质量流动速率（MFR） （190℃，5kg），g/10min	$0.2 \leq MFR \leq 1.4$，且加工后最大偏差不超过制造阀门用混配料批MFR测量值的$\pm 20\%$	0.26（混配料） 0.29（阀门） 12%通过	合格	GB/T 3682-2000

（ 以 下 空 白 ）

主检：郑迎雷　韩树国　胡法

续图 3.7-1

图 3.7-2　阀门安装

图 3.7-3　井底素土夯实

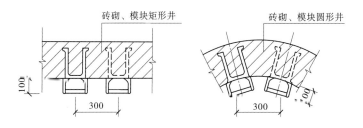

图 3.7-4　爬梯踏步安装要求

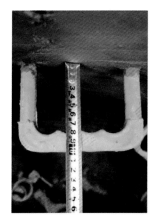

图 3.7-5　爬梯踏步安装

图 3.7-6　成型阀井

3.8　标识牌、标志桩安装

3.8.1　路面标志应设置在燃气管道的正上方，并能正确、明显地指示管道的走向和地下设施。设置位置应为管道转弯处、三通处、四通处、管道末端等，直线管段路面标志的设置间隔不宜大于 200 m。

3.8.2　路面上已有能标明燃气管线位置的阀门井、凝水缸部件时，可将该部件视为路面标志。

3.8.3　路面标志上应标注"燃气"字样,可选择标注"管道标志""三通"及其他说明燃气设施的字样或符号和"不得移动、覆盖"等警示语。

图 3.8-1　管道标志桩

图 3.8-2　管道标志贴

第 4 章 热力工程

4.1 质量控制流程图

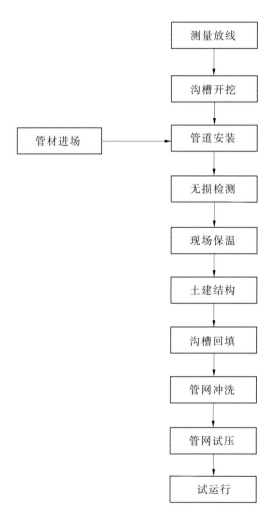

图 4.1-1 质量控制流程图

4.2 测量放线

4.2.1 管线定位应按设计给定的坐标数据测定点位。应先测定控制点、线的位置,经校验确定无误后,再按给定值测定管线点位。

4.2.2 管线起点、终点、中间各转角点的中线桩应进行加固或埋设标石。

4.2.3 管线中的固定支架、地上建筑、检查室、补偿器、阀门在测量放线过程中同时测放。

图 4.2-1 热力管线测量放线及阀门井放线

4.3 沟槽开挖及支护

4.3.1 施工前,应对开槽范围内的地上、地下障碍物进行现场核查,逐项查清障碍物构造情况,以及与工程的相对位置关系。

4.3.2 土方开挖前应按设计给定的开槽断面,确定各施工段的槽底宽、边坡、留台位置、上口宽、堆土及外运土量等施工措施。

4.3.3 土方开挖前应先测量放线、测设高程。机械挖土时,应有不少于 150 mm 的预留量,人工清底至设计标高,不得超挖。

4.3.4 沟槽的开挖质量应符合下列要求:

(1)槽底不得受水浸泡或受冻。

(2)槽壁平整,边坡坡度及沟槽宽度不得小于施工设计的规定。

(3)槽底高程的允许偏差:开挖土方时应为 ±20 mm,开挖石方时应为 −200 mm ~ +20 mm。

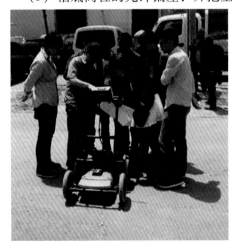

图 4.3-1 现场探查地下管线情况

图 4.3-2 人工平整槽壁

图 4.3-3　人工清理开挖槽底至设计标高　　　　　　图 4.3-4　沟槽成型

4.4　管材进场

　　根据设计要求的管径、壁厚和材质，应进行钢管外观检验，矫正管材的平直度，整修管口。

图 4.4-1　管材进场

图 4.4-2　管材进场检验

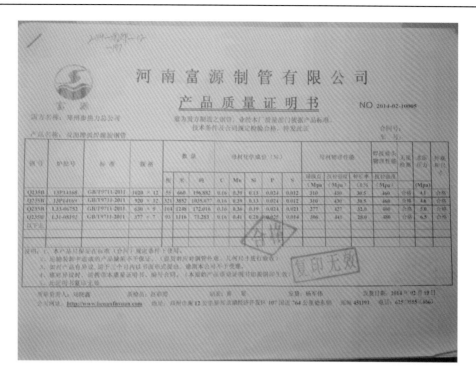

图 4.4-3　管材出厂合格证明

图 4.4-4　管材下沟

4.5 管道安装

4.5.1 管道对口

4.5.1.1 对接管口时，应检查管道平直度，在距接口中心 200 mm 处测量，允许偏差为 1 mm，在所对接钢管的全长范围内，最大偏差值不应超过 10 mm。

4.5.1.2 对口焊接前应检查坡口的外形尺寸和坡口质量。坡口表面应整齐、光洁，不得有裂纹、锈皮、熔渣和其他影响焊接质量的杂物，不合格的管口应进行修整。

4.5.1.3 钢管对口处应牢固，不得在焊接过程中产生错位和变形。

4.5.1.4 焊口不得置于建筑物、构筑物等的墙壁中。

4.5.1.5 钢管对口允许偏差应满足表 4.5-1、表 4.5-2 的要求。

表 4.5-1 管件安装对口间隙允许偏差及检验方法

项目		允许偏差（mm）	检验频率		量具
			范围	点数（个）	
对口间隙（mm）	管件壁厚 4~9 间隙 1.0~1.5	±1.0	每个口	2	焊口检验器
	管件壁厚≥10 间隙 1.5~2.0	−1.5 +1.0			

表 4.5-2 钢管对口错边量允许偏差 （单位：mm）

管道壁厚	2.5~5.0	6~10	12~14	≥15
错边允许偏差	0.5	1.0	1.5	2.0

4.5.2 管材焊接

4.5.2.1 不得采用在焊缝两侧加热延伸管道长度，螺栓强力拉紧，夹焊金属填充物和使补偿器变形等方法强行对口焊接。

4.5.2.2 地上敷设管道的管组长度应按空中就位和焊接的需要来确定，宜大于或等于 2 倍支架间距。

4.5.2.3 管道安装坡向、坡度应符合设计要求；管道安装的允许偏差及检验方法应符合表 4.5-3 的要求。

表 4.5-3 管道安装允许偏差及检验方法

序号	项目	允许偏差及质量标准（mm）			检验频率		检验方法
					范围	点数	
1	△高程	±10			50 m	—	水准仪测量，不计点
2	中心线位移	每 10 m 不超过 5，全长不超过 30			50 m	—	挂边线用尺量，不计点
3	立管垂直度	每米不超过 2，全高不超过 10			每根	—	垂线检查，不计点
4	△对口间隙	壁厚	间隙	偏差	每 10 个口	1	用焊口检测器，量取最大偏差值，计 1 点
		4~9	1.5~2.0	±1.0			
		≥10	2.0~3.0	+1.0 −2.0			

注：△为主控项目，其余为一般项目。

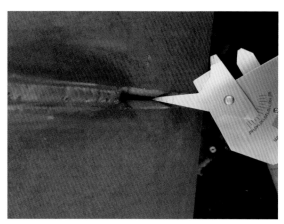
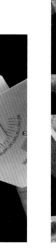

图 4.5-1　管材对口间隙检验　　　　　　图 4.5-2　管材焊接

4.5.2.4 焊缝应符合下列规定：

（1）钢管、容器上焊缝的位置应合理选择，使焊缝处于便于焊接、检验、维修的位置，并避开应力集中的区域。

（2）有缝管道对口及容器、钢板卷管相邻筒节组对时，纵缝之间应相互错开 100 mm 以上。

（3）容器、钢板卷管同一筒节上两相邻纵缝之间的距离不应小于 300 mm。

（4）管沟和地上管道两相邻环形焊缝中心之间距离应大于钢管外径，且不得小于 150 mm。

（5）管道任何位置不得有十字形焊缝。

（6）在有缝钢管上焊接分支管时，分支管外壁与其他焊缝中心的距离，应大于分支管外径，且不得小于 70 mm。

4.5.2.5 季节性施工应按设计要求及施工组织方案执行。

4.5.2.6 不合格的焊接部位，应采取措施进行返修，同一部位焊缝的返修次数不得超过两次。

图 4.5-3　焊缝宽度检验　　　　　　　图 4.5-4　焊缝高度检验

图 4.5-5　管道焊接成型 I

图 4.5-6　管道焊接成型 II

4.5.3　阀门、补偿器安装

4.5.3.1　阀门安装前的检验应符合下列规定：

（1）供热管网工程所用的阀门，必须有制造厂的产品合格证。

（2）阀门安装应符合下列规定：

①按设计要求校对型号，外观检查应无缺陷、开闭灵活；

②清除阀口的封闭物及其他杂物；

③阀门的开关手轮应放在便于操作的位置；

④当阀门与管道以焊接方式连接时，阀门不得关闭；

⑤有安装方向的阀门应按要求进行安装；

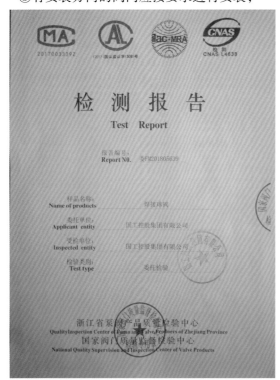

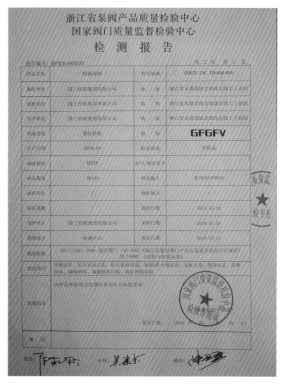

图 4.5-7　阀门合格证书

续图 4.5-7

图 4.5-8　全球阀

图 4.5-9　全球阀吊装

图 4.5-10　球阀焊接施工　　　　　　　　图 4.5-11　球阀完成安装

⑥并排安装的阀门应整齐、美观、便于操作；

⑦阀门运输吊装时，应平稳起吊和安放，不得用阀门手轮作为吊装的承重点，不得损坏阀门，已安装就位的阀门应防止重物撞击；

⑧水平管道上的阀门，其阀杆及传动装置应按设计规定安装，动作应灵活；

⑨球阀焊接时应打开，焊接过程中要进行冷却，焊接完后应降至常温才能投入使用。

4.5.3.2　补偿器安装前，应检查下列内容：

（1）校对产品合格证。

（2）按照设计图纸核对每个补偿器的型号和安装位置。

用户 CUSTOMER	郑州热力总公司	合同号 CONT. NO.	SX300180082
供方 SUPPLIER	16WTZCBSK800×300-J-2275	出厂编号 ITEM. No.	S1427-1
产品代号 CODE NAME			
需方 PURCHASER		通径 NORMINAL BLAMETER	DN800
产品名称 NAME	补偿器 EXPANSION JOINT	长度 LENGTH	2275mm	数量 QUANTITY	1件

本产品按照技术条件，经检验、测试，符合质量要求，特此证明。

This is to certify that we, the undersigned, have inspected and tested the quality of the product and found it/them acceptable according to the specification.

产品试验记录 PRODUCT TEST RECOADS

液体渗透 LIQUID PENETRATE TEST	气压试验 CAS LEAKAGE TEST	液压试验 HYDROSTATIC TEST
纵、环焊缝100%渗透，历时 30 分钟，无渗透。	用 1.6 MPa，气压历时 10 分钟，无泄漏。	用 2.4 MPa，液压，历时 10 分钟，无泄漏。
There is no leakage at longitudinal and circumferential weld seams after 30 minutes test with 100% liquid penetrate test.	There is no leakage after 10 minutes test with 1.6 MPa compress air.	There is no leakage after 10 minutes test with 2.4 MPa hydrostatic pressure.

检验员 INSPECTOR

检验员(Inspector):

质检部门负责人
(Director of Inspection Department):

出厂日期(Date of Production): 2018.06.20

图 4.5-12　波纹管补偿器合格证书

图 4.5-13　波纹管补偿器

（3）产品安装长度，应符合管网设计要求。

（4）接管尺寸，应符合管网设计要求。

（5）对补偿器的外观进行检查。

（6）补偿器安装完毕后，应按要求拆除运输、固定装置，并应按要求调整限位装置。

4.6　无损检测

焊缝无损探伤检验应符合下列规定：

（1）管道无损检测标准应符合设计及规范要求。

图 4.6-1　射线检测底片绑扎

图 4.6-2　X 射线轴向检测仪

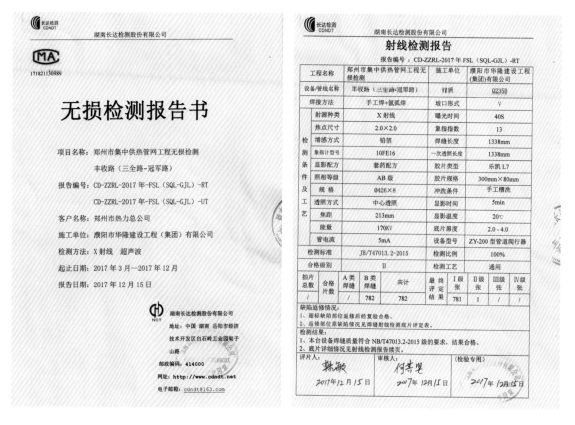

图 4.6-3　无损检验报告

（2）所有焊缝都应进行 100% 无损探伤检验。

（3）焊缝不宜使用磁粉探伤和渗透探伤，但角焊缝处的检验可采用磁粉探伤或渗透探伤。

（4）在城市主要道路、铁路、河湖等处敷设的直埋管网，不宜采用超声波探伤，其射线探伤合格等级应按设计要求执行。

4.7　补口保温

4.7.1　保温材料的品种、规格、性能等应符合现行国家产品标准和设计要求，产品应有质量合格证明文件，并应符合环保要求。

4.7.2　材料进场时应对品种、规格、外观等进行检查验收，并从进场的每批保温材料中任选 1～2 组试样进行导热系数测定。

4.7.3　在雨、雪天进行室外保温工程施工时应采取防水措施。

用 户 CUSTOMER	郑州热力总公司		合同号 CONT. NO.	SX300180082
产品代号 CODE NAME	供方 SUPPLIER	16WTZCBSK800×300-J-2275	出厂编号 ITEM. No.	S1427-1
	需方 PURCHASER		通径 NORMINAL BLAMETER	DN800
产品名称 NAME	补偿器 EXPANSION JOINT	长度 LENGTH　2275mm	数 量 QUANTITY	1件

产品试验记录 PRODUCT TEST RECOADS

液体渗透 LIQUID PENETRATE TEST	气压试验 CAS LEAKAGE TEST	液压试验 HYDROSTATIC TEST
纵、环焊缝100%渗透，历时__30 分钟，无渗透。	用__1.6__MPa，气压历时__10 分钟，无泄漏。	用_2.4_Mpa，液压，历时 10 分钟，无泄漏。
There is no leakage at longitudinal and circumferential weld seams after 30 minutes test with 100% liquid penetrate test.	There is no leakage after__10__minutes test with__1.6__MPa compress air.	There is no leakage after_____10 minutes test with 2.4 MPa hydrostatic pressure.

检 验 员 INSPECTOR	

本产品按照技术条件，经检验、测试，符合质量要求，特此证明。

This is to certify that we, the undersigned, have inspected and tested the quality of the product and found it/them acceptable according to the specification.

检验员(Inspector)：

质检部门负责人
(Director of Inspection Department)：

出厂日期(Date of Production)：　2018.06.20

中国认可检测 TESTING CNAS L5144
编号：2017BQ047

检 测 报 告

样品名称　高密度聚乙烯外护管聚氨酯预制直埋保温管及管件

生产单位　郑州长兴防腐保温科技有限公司

工程名称　//

客户名称　郑州长兴防腐保温科技有限公司

检测类别　型式检验

北京市建设工程质量第四检测所

北京市建设工程质量第四检测所

检 测 报 告

编号：2017BQ047

样品名称	高密度聚乙烯外护管聚氨酯预制直埋保温管及管件		规格型号	DN100～DN1400
样品编号	2017BQ047.		商 标	//
客户名称	郑州长兴防腐保温科技有限公司		检测类别	型式检验
客户地址	新密市		样品数量	批次取样
检测日期	2017.02.28～2017.05.31		样品状态	完好
生产厂家	郑州长兴防腐保温科技有限公司			
检测依据	GB/T29046—2012《城镇供热预制直埋保温管道技术指标检测方法》 GB/T29047—2012《高密度聚乙烯外护管硬质聚氨酯泡沫塑料预制直埋保温管及管件》			
检 测 结 论	型式检验郑州长兴防腐保温科技有限公司生产的高密度聚乙烯外护管聚氨酯预制直埋保温管及管件，样品从厂家规格为DN100～DN1400的出厂检验合格品中抽取。经检测：该产品各项技术指标符合标准要求。详细数据见检测数据表。 以下空白			
	本报告有效期自 2017 年 05 月 31 日至 2019 年 05 月 30 日 签发日期　二O一七年 5 月 31 日			
备 注	无			
批准　白冬军	审核　程晓玲		检测　谭	

图 4.7-1　保温材料及质检报告

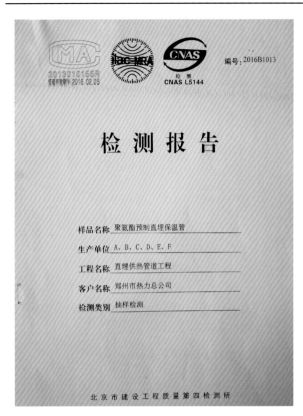

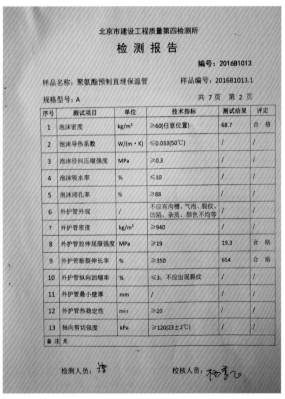

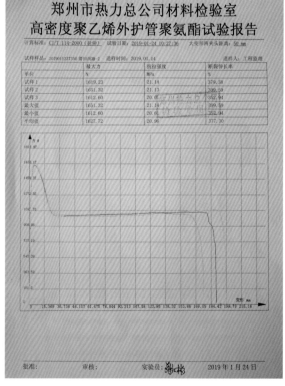

图 4.7-2　保温材料复检

图 4.7-3　现场保温安装电热熔套

图 4.7-4　现场保温补口压注浆料

4.8　附属构筑物

4.8.1　土建工序的安排和衔接应符合工程构造原理，施工缝设置应符合供热管网工程施工的需要。

4.8.2　深度不同的相邻基础，应按先深后浅的顺序进行施工。

4.8.3　管沟及检查室砌体结构施工应符合现行国家标准《砌体结构工程施工质量验收规范》（GB 50203—2011）的相关规定。砌体结构质量应符合下列规定：

　　（1）砌筑方法应正确，不得有通缝。

　　（2）砌体室壁砂浆应饱满，灰缝应平整，抹面应压光，不得有空鼓、裂缝等现象。

（3）清水墙面应保持清洁，勾缝应密实、深浅一致，横竖缝交接处应平整。

4.8.4 钢筋混凝土的钢筋、模板、混凝土等工序的施工，应符合现行国家标准《混凝土结构工程施工质量验收规范》（GB 50204—2015）的相关规定。钢筋成型应符合下列规定：

（1）绑扎成型应采用钢丝扎紧，不得有松动、折断、移位等现象。

（2）绑扎或焊接成型的网片或骨架应稳定牢固，在安装及浇筑混凝土时不得松动或变形。

4.8.5 模板安装应符合下列规定：

（1）模板安装应牢固，模内尺寸应准确，模内木屑等杂物应清除干净。

（2）模板拼缝应严密，在灌注混凝土时不得漏浆。

4.8.6 检查室施工应符合下列规定：

（1）室内底应平顺，并应坡向集水坑。

（2）爬梯位置应符合设计要求，安装应牢固。

（3）井圈、井盖型号应符合设计要求，安装应平稳。

4.8.7 固定支架与土建结构应结合牢固。固定支架的混凝土强度没有达到设计要求时不得与管道固定，并应防止其他外力破坏。

图 4.8-1 阀门井模板搭设

图 4.8-2 阀门井浇筑成型

4.9 沟槽回填

沟槽回填土种类、密实度应符合下列规定：

（1）回填土种类、密实度应符合设计要求。

（2）回填土的密实度应逐层进行测定，当设计对回填土密实度无规定时，应按下列规定执行：

①胸腔部位：Ⅰ区不应小于95%。

②管顶或结构顶上500 mm 范围内：Ⅱ区不应小于87%。

③Ⅲ区不应小于87%，或符合道路、绿地等对回填土的要求。

图 4.9-1 回填土区域划分示意图

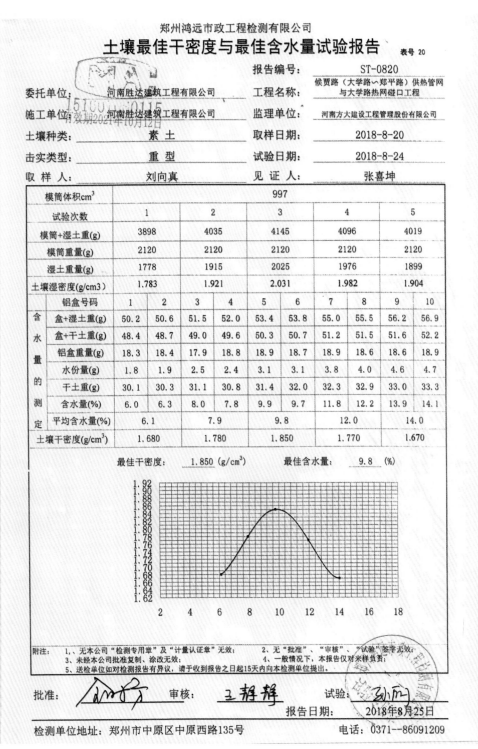

郑州鸿远市政工程检测有限公司

土壤最佳干密度与最佳含水量试验报告　表号 20

报告编号：　ST-0820

委托单位：	河南胜达建筑工程有限公司	工程名称：	候贾路（大学路～郑平路）供热管网与大学路热网碰口工程
施工单位：	河南胜达建筑工程有限公司	监理单位：	河南方大建设工程管理股份有限公司
土壤种类：	素土	取样日期：	2018-8-20
击实类型：	重型	试验日期：	2018-8-24
取样人：	刘向真	见证人：	张喜坤

模筒体积cm³			997							
试验次数			1		2		3		4	5
模筒+湿土重(g)			3898		4035		4145		4096	4019
模筒重量(g)			2120		2120		2120		2120	2120
湿土重量(g)			1778		1915		2025		1976	1899
土壤湿密度(g/cm3)			1.783		1.921		2.031		1.982	1.904
含水量的测定	铝盒号码	1	2	3	4	5	6	7	8	9	10
	盒+湿土重(g)	50.2	50.6	51.5	52.0	53.4	53.8	55.0	55.5	56.2	56.9
	盒+干土重(g)	48.4	48.7	49.0	49.6	50.5	50.7	51.2	51.5	51.6	52.2
	铝盒重量(g)	18.3	18.4	17.9	18.8	18.9	18.7	18.9	18.6	18.6	18.9
	水份量(g)	1.8	1.9	2.5	2.4	3.1	3.1	3.8	4.0	4.6	4.7
	干土重(g)	30.1	30.3	31.1	30.8	31.4	32.0	32.3	32.9	33.0	33.3
	含水量(%)	6.0	6.3	8.0	7.8	9.9	9.7	11.8	12.2	13.9	14.1
	平均含水量(%)	6.1		7.9		9.8		12.0		14.0	
土壤干密度(g/cm³)		1.680		1.780		1.850		1.770		1.670	

最佳干密度：　1.850 (g/cm³)　　最佳含水量：　9.8 (%)

附注： 1、无本公司"检测专用章"及"计量认证章"无效；　2、无"批准"、"审核"、"试验"签字无效；
3、未经本公司批准复制、涂改无效；
5、送检单位如对检测报告有异议，请于收到报告之日起15天内向本检测单位提出。
一般情况下，本报告仅对来样负责。

批准：	审核： 王韩辉	试验：	
		报告日期：	2018年8月25日

检测单位地址：郑州市中原区中原西路135号　　　　　电话：0371--86091209

图 4.9-2　回填土压实度报告

土壤压实度（环刀法）试验报告

报告编号：　022018-HD2-22

委托单位：　河南胜达建筑工程有限公司　　　工程名称：候贾路（大学路-郑平路）供热管网与大学路热网碰口工程

施工单位：　河南胜达建筑工程有限公司　　　监理单位：河南方大建设工程管理股份有限公司

代表部位：　沟槽回填　　　击实类型：　重型　试验日期：2018.8.26

	取样桩号及井号	0+000～0+080第一层					
	取样深度	100mm					
	取样位置	/		/		/	
	土样种类	素土					
湿密度	环刀号						
	环刀+土质量（g）						
	环刀质量（g）						
	土质量（g）	388.0		385.3		387.8	
	环刀容积(cm³)	200					
	湿密度（g/cm³）	1.940		1.926		1.939	
干密度	盒号	1	2	3	4	5	6
	盒+湿土质量（g）	64.27	66.83	66.78	55.34	47.64	55.62
	盒+干土质量（g）	60.28	62.99	62.79	52.10	45.13	52.32
	水质量（g）	3.99	3.84	3.98	3.24	2.51	3.30
	盒质量（g）	18.30	18.40	17.90	18.80	18.90	18.70
	干土质量（g）	41.98	44.59	44.89	33.30	26.23	33.62
	含水量（%）	9.5	8.6	8.9	9.7	9.6	9.8
	平均含水量（%）	9.1		9.3		9.7	
	干密度 (g/cm³)	1.779		1.762		1.768	
最大干密度　（g/cm³）		1.830					
压实度　　　（%）		97.2		96.3		96.6	
备注	本试验经二次平行测定后，其平行差值不得大于规定。取其算术平均值。						
	取样人　　刘向真　　　见证人　　张喜坤						

批准　　　　　审核　　王群群　　　试验

续图 4.9-2

4.10　管网清洗

4.10.1　清洗方法应根据供热管道的运行要求、介质类别而定。宜分为人工清洗、水力冲洗和气体吹洗。

4.10.2　清洗前，管网及设备应符合下列规定：

（1）减压器、疏水器、流量计和流量孔板（或喷嘴）、滤网、调节阀芯、止回阀芯及温度计的插入管等应拆下并妥善存放，待清洗结束后方可复装。

（2）不与管道同时清洗的设备、容器及仪表管等应隔开或拆除。

（3）设备和容器应有单独的排水口。

（4）清洗使用的其他装置已安装完成，并应经检查合格。

4.10.3　热水管网的水力冲洗应符合下列规定：

（1）冲洗应按主干线、支干线、支线分别进行，二级管网应单独进行冲洗。冲洗前应充满水并浸泡管道，水流方向应与设计的介质流向一致。

（2）未冲洗管道中的脏物，不应进入已冲洗合格的管道中。

（3）水力冲洗的合格标准应以排水水样中固形物的含量接近或等于冲洗用水中固形物的含量为合格。

（4）冲洗时排放的污水不得污染环境，严禁随意排放。

（5）水力清洗结束前应打开阀门用水清洗。

表 4.10-1　压力试验方法和合格判定

序号	项目	试验方法及质量标准		检验范围
1	△强度试验	升压到试验压力稳压 10 min 无渗漏、无压降后降至设计压力，稳压 30 min 无渗漏、无压降为合格		全段
2	△严密性试验	升压至试验压力，并趋于稳定后，应详细检查管道、焊缝、管路附件及设备等无渗漏，固定支架无明显变形等		全段
		一级管网及站内	稳压在 1 h 内压降不大于 0.05 MPa，为合格	
		二级管网	稳压在 30 min 内压降不大于 0.05 MPa，为合格	

注：表中"△"为主控项目，其余为一般项目。

4.11　管道试压

4.11.1　供热管网工程的管道和设备等，应按设计要求进行强度试验和严密性试验；当设计无要求时应按规范的规定进行。

4.11.2　一级管网及二级管网应进行强度试验和严密性试验。强度试验压力应为 1.5 倍设计压力，严密性试验压力应为 1.25 倍设计压力，且不得低于 0.6 MPa。

4.11.3　供热管网工程应采用水为介质做试验。

4.11.4　严密性试验前应具备下列条件：

（1）试验范围内的管道安装质量应符合设计要求及《城镇供热管网工程施工及验收规范》（CJJ 28—2014）的有关规定，且有关材料、设备资料齐全。

（2）管道各种支架已安装调整完毕，固定支架的混凝土已达到设计强度，回填土及填充物已满足设计要求。

（3）焊接质量外观检查合格，焊缝无损检验合格。

（4）试验用的压力表已校验，精度不得小于 1.5 级。表的满量程应达到试验压力的 1.5~2 倍，数量不得少于 2 块，安装在试验泵出口和试验系统末端。

（5）试验现场已清理完毕，具备对试验管道和设备进行检查的条件。

4.11.5　试验合格后，填写试验记录。

4.12　试运行

4.12.1　试运行应在单位工程验收合格、热源已具备供热条件后进行。

4.12.2　试运行应符合下列要求：

（1）供热管线工程宜与热力站工程联合进行试运行。

（2）供热管线的试运行应有完善、灵敏、可靠的通信系统及其他安全保障措施。

（3）试运行期间，管道、设备的工作状态应正常，并应做好检验和考核的各项工作及试运行资料等记录。

第 5 章　通信工程

5.1　质量控制流程图

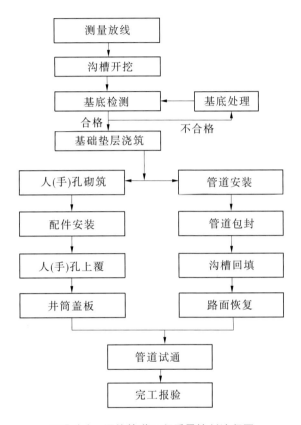

图 5.1-1　通信管道工程质量控制流程图

5.2　通信管道沟槽开挖

5.2.1　测量放线

　　测量工作应依据《通信管道工程施工及验收规范》（GB 50374），并根据设计院交桩的导线点以及监理批复加密的控制点成果，全站仪放出管道中心线，直线段 10 m 一点，曲线段 5 m 一点，并测定出检查井的平面位置及原地面高程。

　　开挖时根据图纸设计沟槽开挖断面图，按规定坡度放坡，并用石灰撒出开挖坡顶上口两边的边线。开挖时进行跟踪测量，沟底每隔 10 m 测定出一个平面位置及基底高程控制桩，严格控制好沟槽底的平面位置及高程。

5.2.2　沟槽开挖

　　根据设计图纸要求，通信管道沟槽开挖采取放坡处理，坡度比符合设计要求，当开挖深度超过

3 m 时，应分层开挖，每层开挖深度不超过 2 m，层间留台，留台宽度符合国家现行标准规范要求。

沟槽土方采用人工配合机械开挖。挖掘机开挖，人工配合修坡，沟槽开挖土方沿沟槽一侧弃置，防尘网覆盖；为避免机械超挖，槽底预留 20～30 cm 人工清底整平至设计高程，边坡预留 10 cm 人工修坡。

通信管道工程的沟（坑）挖成后，凡被水冲泡的，必须重新进行人工地基处理，否则严禁进行下一道工序的施工。

在完成沟（坑）挖方及地基处理后，应校测管道沟、人（手）孔坑底地基的高程是否符合设计规定。

图 5.2-1　通信管道及人孔定位放线

图 5.2-2　沟槽机械开挖

图 5.2-3　沟槽人工清底

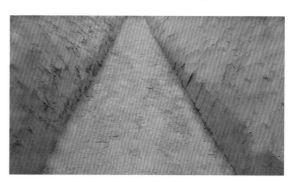

图 5.2-4　通信管道沟槽开挖完成

图 5.2-5　开挖完成后测量复测

5.3 通信管道基底检测

管道沟开挖应顺直,沟底平整,沟坎、转弯应平缓过渡,通信管道沟槽开挖至设计高程后,采用夯实碾压设备夯实;沟槽底土基压实度采用环刀法检测,不小于设计要求。

人孔底板基础地基承载力采用轻型触探仪检测,承载力应大于设计图纸和相关规范要求。若遇软基,应按设计图纸要求或施工方案处理,直至地基承载力满足设计图纸要求。

图 5.3-1 管道沟槽基底压实度检测

图 5.3-2 人孔基础地基承载力检测

河南砥柱工程检测有限公司

环刀法测定压实度试验检测报告

编号：JTG-085

151601060197

有效期 2021年11月16日

委托编号：2017HKG052020　　　　报告编号：2017DGXC0520144

委托单位	郑州航空港区汇展基础设施建设有限公司		
施工单位	中国电力建设股份有限公司		
工程名称	郑州航空港经济综合实验区（郑州新郑综合保税区）雁鸣路通讯管道工程		
工程部位	K6+337~K6+532（含支管）通讯管道槽底基础		
样品名称	压实度（环刀法）	检验性质	委托检验
最大干密度（g/cm³）	1.74	最佳含水率(%)	10.2
检验日期	2017.05.20	报告日期	2017.05.20
检验依据	《公路路基路面现场测试规程》JTG E60-2008《城镇道路工程施工与质量验收规范》CJJ1-2008		依据图纸设计要求
试样编号	所检项目	设计要求	实测值
20170520144-01	压实度（%）	≥93	95.4
20170520144-02	压实度（%）	≥93	95.4
20170520144-03	压实度（%）	≥93	94.3
20170520144-03	压实度（%）	≥93	95.4
20170520144-03	压实度（%）	≥93	93.7
20170520144-03	压实度（%）	≥93	94.8
		以下空白	
检测结论	依据 JTG E60-2008 规程,所检项目符合设计要求。		
主要仪器设备名称及其编号	电子天平（49）、环刀		
备 注	委托人：刘治桥取样人：刘治桥（H41140060000064）见证人：王华通（H41150050000146）监理单位：重庆联盛建设项目管理有限公司		

批准：　　　　校核：　　　　主检：　　　　试验单位：

地址：河南省郑州市高新区翠竹街1号总部企业基地85号楼　邮编：450001　电话：（0371）55176009；

第1页 共1页

图 5.3-3 管道沟槽基底压实度检测报告

编号：BG-073

河南砥柱工程检测有限公司

地基承载力检验报告

委托编号：2017HKG052020　　　　　　　　报告编号：2017DGXC0520145

委托单位	郑州航空港区汇展基础设施建设有限公司		
施工单位	中国电力建设股份有限公司		
工程名称	郑州航空港经济综合实验区（郑州新郑综合保税区）雁鸣路通讯管道工程		
工程部位	XTX71-XTX73 通讯井（含 69 两侧支管）		
样品名称	轻型动力触探	委托日期	2017.05.20
检验日期	2017.05.20	报告日期	2017.05.20
检验依据	《冶金工业岩石勘察原位测试规范》GB/T 50480-2008 依据图纸设计要求		
试样编码	设计承载力（kPa）	实测承载力（kPa）	单项结论
20170520145-01	≥100	108	合格
20170520145-02	≥100	108	合格
20170520145-03	≥100	124	合格
		以下空白	
检测结论	依据《冶金工业岩石勘察原位测试规范》GB/T50480-2008，所检项目符合标准要求。		
主要仪器设备名称及其编号	轻型触探仪		
备注	委托人：刘治桥 取样人：刘治桥（H41140060000064） 见证人：王华通（H41150050000146） 监理单位：重庆联盛建设项目管理有限公司		

批准：邓兆刚　　校核：苏亚峰　　主检：何晴飞　　试验单位（盖章）：

地址：河南省郑州市高新区翠竹街1号总部企业基地85号楼　邮编：450001　电话：（0371）55176009　联系人：邓兆刚

第 1 页 共 1 页

图 5.3-4　人孔基础地基承载力检测报告

5.4　通信管道管材检测

5.4.1　通信管道进场验收

通信管材材质符合《地下通信管道用塑料管 第 5 部分：梅花管》（YDT 841.5—2008）、《地下通信管道用塑料管 第 3 部分：双壁波纹管》（YDT 841.3—2008）等相关规范要求。

进场原材料应通过监理、施工联合验收后才能进场卸车，验收主要采取目测、查看及尺量，对管材的厂家资质、材质检测证明、合格证、管材外观、管壁厚度以及外观颜色等进行检查。

通信管材进场验收单

编号：

生产厂家			
使用单位			
材料名称		规格型号	
材料出厂时间		进场数量	
运输车辆信息		路段部位	
质 量 员		监 理	
进场时间		验收时间	

通信管材进场验收单

编号：

生产厂家			
使用单位			
材料名称		规格型号	
材料出厂时间		进场数量	
运输车辆信息		路段部位	
质 量 员		监 理	
进场时间		验收时间	

图 5.4-1 通信管材联合验收单

图 5.4-2 双壁波纹管现场验收　　　　图 5.4-3 7 孔梅花管现场验收

5.4.2 通信管道进场取样复检

通信管材材质符合《地下通信管道用塑料管 第 5 部分：梅花管》（YDT841.5—2008）、《地下

通信管道用塑料管 第 3 部分：双壁波纹管》（YDT 841.3—2008）等相关规范要求。管材进场统一存放于仓库内，防止露天暴晒。

标准要求 7 孔梅花管按规范同一批原料、同一配方和工艺情况下生产的同一规模管材为一批，每批数量不超过 60 t，检测项目为落锤冲击试验、管材刚度、拉伸强度等；双壁波纹管按规范同一批原料、同一配方和工艺情况下生产的同一规模管材为一批，每批数量不超过 60 t，检测项目为落锤冲击试验、环刚度、复原率、坠落试验、连接密封性等。

图 5.4-4　管材堆放于仓库

图 5.4-5　PE 7 孔梅花管

图 5.4-6　双壁波纹管

河南省建筑工程质量检验测试中心站有限公司
检验检测报告

委托单编号: WTS03-2017-152	报告编号: S03 类 2017 年 23-1016 号		
委托单位	郑州航空港区汇展基础设施建设有限公司		
施工单位	中国电力建设股份有限公司		
工程名称	郑州航空港经济综合实验区（郑州新郑综合保税区）雁鸣路道路工程		
工程部位	通信工程		
样品名称	七孔梅花管	检验性质	见证取样
规格型号	Φ 105/32×3	送样日期	2017.01.14
代表批量	/	检验日期	2017.01.16
生产厂家	河南龙昌管业有限公司	报告日期	2017.01.21
检验依据	YD/T 841.5-2016 《地下通信管道用塑料管 第 5 部分: 梅花管》		
序号	检验项目	标准要求	检验结果	单项结论
1	外观质量	管材内、外壁应光滑、平整，无气泡、裂纹、凹陷、凸起、分解变色线及明显的杂质，管材断面切割应平整，无裂口、毛刺并与管轴线垂直。	符合	合格
2	落锤冲击试验	试样 9/10 不破裂	10 个试样未破裂	合格
3	拉伸强度 (MPa)	≥8	8.7	合格
4	管材刚度 (kPa)	≥2000	2200	合格
检验结论	依据 YD/T 841.5-2016《地下通信管道用塑料管 第 5 部分: 梅花管》，所检项目符合标准要求。			
备注	委 托 人: 刘治桥 取 样 人: 刘治桥 (H41140060000064) 见 证 人: 王华通 (H41150050000146) 监理单位: 重庆联盛建设项目管理有限公司			

注意事项 1.报告无测试报告专用章及计量认证章无效。2.报告无测试试验专用章骑缝章无效。3.报告无检验、审核、批准签章或签字无效。4.复印报告未加盖测试报告专用章无效。5.报告涂改无效。6.对检验报告若有异议，应于收到报告之日起十五日内向检测单位提出，逾期不予办理。地址：河南省郑州市金水区丰乐路 4 号 电话：0371-63934069；传真：0371-63850517；网址：http://www.hnjky.com.cn

图 5.4-7 PE 7 孔梅花管检测报告

河南省建筑工程质量检验测试中心站有限公司
检验检测报告

委托单编号: WTS03-2017-152	报告编号: S03 类 2017 年 23-1815 号		
委托单位	郑州航空港区汇展基础设施建设有限公司		
施工单位	中国电力建设股份有限公司		
工程名称	郑州航空港经济综合实验区（郑州新郑综合保税区）雁鸣路道路工程		
工程部位	通信工程		
样品名称	双壁波纹管	检验性质	见证取样
规格型号	Φ 110 mm	送样日期	2017.01.14
代表批量	/	检验日期	2017.01.16
生产厂家	河南龙昌管业有限公司	报告日期	2017.01.25
检验依据	《地下通信管道用塑料管 第 3 部分: 双壁波纹管》YD/T 841.3-2016		
序号	检验项目	标准要求	检验结果	单项结论
1	颜色、外观	本色，管材内、外壁应光滑、平整，无气泡、裂纹、分解变色线及明显的杂质，管材断面切割应平整，无裂口、毛刺并与管轴线垂直。	符合	合格
2	环刚度 (kN/m²)	≥8	8.3	合格
3	落锤冲击试验	(0±1)℃, 2h, 试样 9/10 及以上不破裂	10 个试样未破裂	合格
4	热老化后的扁平试验	老化后，垂直方向初始高度形变量为 25%时，立即卸荷，试样不破裂。	符合	合格
检验结论	依据《地下通信管道用塑料管 第 3 部分: 双壁波纹管》YD/T 841.3-2016，检验项目符合标准要求。			
备注	委 托 人: 刘治桥 取 样 人: 刘治桥 (H41140060000064) 见 证 人: 王华通 (H41150050000146) 监理单位: 重庆联盛建设项目管理有限公司			

注意事项 1.报告无测试报告专用章及计量认证章无效。2.报告无测试试验专用章骑缝章无效。3.报告无检验、审核、批准签章或签字无效。4.复印报告未加盖测试报告专用章无效。5.报告涂改无效。6.对检验报告若有异议，应于收到报告之日起十五日内向检测单位提出，逾期不予办理。地址：河南省郑州市金水区丰乐路 4 号 电话：0371-63934069；传真：0371-63850517；网址：http://www.hnjky.com.cn

图 5.4-8 PVC－U 双壁波纹管检测报告

5.5 通信管道基础垫层浇筑

浇筑混凝土基础应振捣密实，表面平整，无断裂、无波浪，混凝土表面不起皮，以保证基础的

图 5.5-1 基础垫层浇筑支模板

图 5.5-2 通信管道基础垫层

整体连接，混凝土强度等级符合设计要求。做混凝土基础时须按设计图给定的位置选择中心线，中心线左右偏差小于 10 mm；塑料管道混凝土基础宽度应比管道孔群宽度宽 200 mm（两侧各宽 100 mm）。

5.6 通信管道安装

5.6.1 通信管道连接

通信管材连接方式按设计要求或相关施工规范施工，管材采用 PVC – U110 双壁波纹管和 PE 7 孔梅花管，PVC – U110 双壁波纹管环刚度不小于 8 kN/m^2，采用承插弹性密封圈连接，PE 7 孔梅花管采用中性胶黏合剂套管连接；各塑料管的接口宜错开排列，相邻两管的接头之间错开距离不宜小于 300 mm。

图 5.6-1　PE 7 孔梅花管连接

图 5.6-2　PVC – U110 双壁波纹管连接

5.6.2 通信管道安装

管道安装由 PE 7 孔梅花管和 PVC – U 110 双壁波纹管组成。

16孔通信排管做法

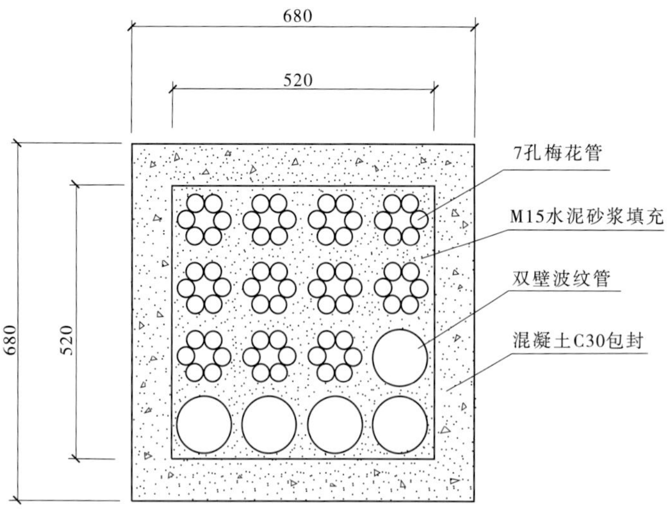

7孔梅花管

M15水泥砂浆填充

双壁波纹管

混凝土C30包封

说明：11根PE 7孔梅花管，5根PVC-U 110双壁波纹管。

图 5.6-3　通信管道包封形式

管道垫层完成，经监理检查合格后方可进行管道敷设，管道分层用塑料支架隔开，应保证管道间距在 2 cm 左右，接续管头必须错开，每隔 2 m 设塑料管固定管架，各塑料管的接口宜错开排列，相邻两管的接头之间错开距离不宜小于 300 mm。弯曲管道弯曲部分的管接头应采取加固措施，以保证管群形状统一。

图 5.6-4　塑料管固定管架

图 5.6-5　PE 7 孔梅花管安装

5.7　通信管道包封

采用素混凝土包封，管道间隙用水泥砂浆填满填实，砂浆强度等级符合设计要求。

下层基础、两侧和顶部包封混凝土采用 80 mm 厚细石混凝土，混凝土强度等级符合设计要求。

接入人孔时，应做 2 m 长、80 mm 厚的钢筋混凝土基础，基础钢筋应搭接在窗口墙上且不小于 100 mm。

图 5.7-1　通信管道包封

图 5.7-2　通信管道包封完成

5.8　人（手）孔井基础

人（手）孔井均参照图集《通信管道人孔和手孔井图集》（YD 5178—2009）的设计要求施工，在人孔定位处，根据该人孔类型划线开挖，要放坡挖坑，应留有一定的余度，以利墙壁内外粉刷。基础的混凝土强度等级（配筋）等应符合设计规定。浇筑基础前应清理孔内杂物，挖好积水罐安装坑。基础表面应从四周方向积水罐做 20 mm 泛水。

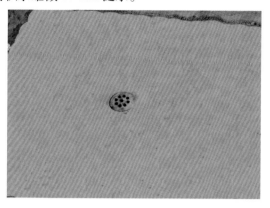

图 5.8-1　通信人（手）孔井混凝土基础

5.9　砌筑人（手）孔

　　人（手）孔净高应符合设计规定，墙体与基础应结合严密、不漏水，墙体应垂直。管道进入人孔位置，应符合设计规定，管道端边至墙体面应呈圆弧状的喇叭口，砖砌体砂浆饱满程度应不低于80％，砖缝宽度应为 8～12 mm，同一砖缝的宽度应一致。砌体横缝应为 15～20 mm，竖缝应为 10～15 mm，竖缝灌浆必须饱满、严实，不得出现跑、漏现象。对于抹面的砌体，应将墙面清扫干净，抹面应平整、压光、不空鼓，墙角不得歪斜。

图 5.9-1　人孔井砌筑内部

图 5.9-2　人孔井砌筑外部

图 5.9-3　砌筑手孔井

图 5.9-4　砌筑人（手）孔井喇叭口

注：人孔和手孔的区别就只是孔的大小问题，因为所说的人孔，是设在通信系统的线路敷设管道或者井道上的检查孔，而此孔在该类设备检查或维修时，可以容纳人通过（钻过去或者钻进去），但手孔因为比较小而只能允许手伸进去检查或操作。

5.10　配件安装

穿钉的规格、位置应符合设计规定，穿钉与墙体应保持垂直。上、下穿钉应在同一垂直线上。穿钉露出墙面 50～70 mm，安装牢固。拉力环的位置应符合设计规定，应与管道底保持 200 mm 以上的间距，露出墙面 80～100 mm，安装牢固。支架应安装在穿钉位置上，安装牢固，每个支架安装 4 个托板，安装稳固。

人（手）孔拉力环是装埋在各方管道入口的墙壁上，人孔拉力环主要作为布放电缆时拴固滑轮之用，以防止布放电缆时损伤或拉裂管道孔口。

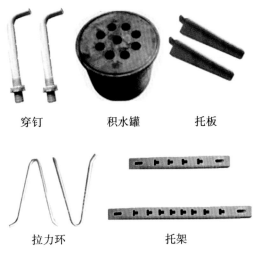

穿钉　　　　积水罐　　　　托板

拉力环　　　　　　托架

图 5.10-1　人（手）孔配件

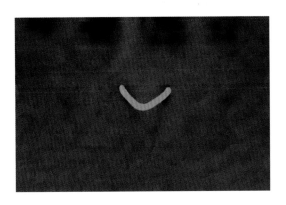

图 5.10-2　人（手）孔拉力环

5.10.1　电缆托架、穿钉

电缆托架是安装托板用的，托板卡在上面的卡口内；穿钉是固定托架的。

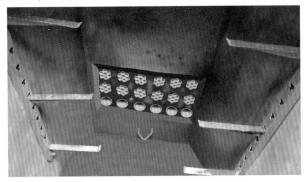

图 5.10-3　人（手）孔配件

5.10.2　积水罐

积水罐是安装在通信管道人（手）孔和通道地面的一种附属设备，积水罐的作用是集水和便于抽水，保障通信管道和通道内干燥。积水罐的外貌像一个圆柱形带盖子的水桶，体积比水桶小了许多，盖子上有一些小孔，可以挡住杂物让水顺利流进积水罐。积水罐的中心点在基础表面的最低点，所以基础表面应从四周向积水罐做 20 mm 泛水，积水会很容易流进积水罐。

图 5.10-4　通信井积水罐

5.11　人（手）孔上覆盖板

人（手）孔上覆盖板的配筋、绑扎、混凝土的强度等级应符合设计规定。人孔上覆盖板厚度为 250 mm，上覆盖板制作采用 C30 混凝土，盖板厚度及钢筋制作根据图纸设计要求制作施工，上覆盖板底面应平整、光滑，无露筋、蜂窝等缺陷。

图 5.11-1　盖板制作

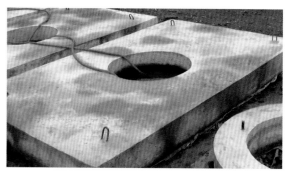

图 5.11-2　人（手）井盖板

5.12　人（手）孔井筒

人（手）孔井筒与上覆之间宜砌不小于 200 mm 的口腔；人孔井筒应与上覆预留洞口形成同心圆的圆筒状，井筒内、外应抹面。井筒与上覆搭接处抹角应严密、贴实、无空鼓、表面光滑，无欠茬、飞刺、断裂等。

图 5.12-1　人（手）孔井筒

5.13　沟槽回填

5.13.1　隐蔽工程验收

现场施工完成后在进行下一工序施工前，应对已完成构筑物或上一工序进行隐蔽验收工作，检查需要隐蔽的构筑物外观、结构位置、尺寸、中心线以及高程等，验收合格后填写隐蔽工程检查验收记录表，共同会签，如验收存在问题，要发监理整改通知单限期整改，整改合格后再组织进行复检，复检合格后方可进行下一工序施工。

隐蔽工程检查验收记录
2017 年 6 月 13 日

工程名称	郑州航空港经济综合实验区(郑州新郑综合保税区)滨河东路通讯管道工程(四港联动大道~枣庄路)	施工单位	中国电力建设股份有限公司
隐检项目	混凝土包封	隐检范围	K5+479.546~K5+705.927（TX-18~TX-21）段通讯管道顶板混凝土包封

隐检检查内容情况及况

外观：混凝土外观无一般质量缺陷；结构表面光洁和顺、线型流畅。

检查项目	应检点	合格点	合格率（%）
高程	3	3	100.0
平面尺寸	20	20	100.0
截面尺寸	23	23	100.0
表面平整度	3	3	100.0
中心线位置偏移	23	23	100.0

备注：

验收意见：同意验收.

处理意见：无需处理　复查人：房志辉　2017 年 6 月 13 日

建设单位	监理单位	施工项目技术负责人	质检员

图 5.13-1　隐蔽工程验收

5.13.2　沟槽回填

回填前应清理井工作坑内、管道包封沟槽内各种杂物，回填土壤应采用粉质黏土、重粉质黏土、沙土、黄土等细颗粒土，严禁使用垃圾土（含建筑垃圾、大石块等）进行回填。

沟槽回填应做试验段，确定施工机具及碾压参数，沟槽回填土应分层夯实，压实度应达到设计要求。

靠近人（手）孔壁四周的回填材料，按设计图纸要求施工。人孔坑分层回填，应严格夯实，压实度达到设计要求。

图 5.13-2　沟槽回填

人孔坑的回填土严禁高出人孔口圈的高程。

图 5.13-3　井周回填

图 5.13-4　回填环刀压实度检测

河 南 砥 柱 工 程 检 测 有 限 公 司
环刀法测定压实度试验检测报告

委托编号：2017HKG052420　　　报告编号：2017DGXC0524112

委托单位	郑州航空港经济综合实验区汇展基础设施建设有限公司		
施工单位	中国电力建设股份有限公司		
工程名称	郑州航空港经济综合实验区（郑州新郑综合保税区）雁鸣路通讯管道工程		
工程部位	K6+337～K6+532（含支管）通讯管道素土回填第1层		
样品名称	压实度（环刀法）	检验性质	委托检验
最大干密度（g/cm³）	1.74	最佳含水率（%）	10.2
检验日期	2017.05.24	报告日期	2017.05.24
检验依据	《公路路基路面现场测试规程》JTG E60-2008《城镇道路工程施工与质量验收规范》CJJ1-2008		依据图纸设计要求
试样编号	所检项目	设计要求	实测值
20170524112-01	压实度（%）	≥93	95.4
20170524112-02	压实度（%）	≥93	94.3
20170524112-03	压实度（%）	≥93	96.0
20170524112-03	压实度（%）	≥93	93.7
20170524112-03	压实度（%）	≥93	93.1
20170524112-03	压实度（%）	≥93	93.1
			以下空白
检测结论	依据 JTG E60-2008 规程，所检项目符合设计要求。		
主要仪器设备名称及其编号	电子天平（49）、环刀		
备注	委 托 人：刘治桥　取 样 人：刘治桥（H41140060000064）　见 证 人：王华通（H41150050000146）　监理单位：重庆联盛建设项目管理有限公司		

批准　　　校核　苏亚峰　　　主检　何博飞

图 5.13-5　沟槽回填压实度试验检测报告

河 南 砥 柱 工 程 检 测 有 限 公 司
环刀法测定压实度试验检测报告

委托编号：2017HKG052518　　　报告编号：2017DGXC0525109

委托单位	郑州航空港经济综合实验区汇展基础设施建设有限公司		
施工单位	中国电力建设股份有限公司		
工程名称	郑州航空港经济综合实验区（郑州新郑综合保税区）雁鸣路通讯管道工程		
工程部位	XTX71-XTX73 通讯井（含69两侧支管）井周石灰土回填第1层		
样品名称	压实度（环刀法）	检验性质	委托检验
最大干密度（g/cm³）	1.703	最佳含水率（%）	12.9
检验日期	2017.05.25	报告日期	2017.05.25
检验依据	《公路路基路面现场测试规程》JTG E60-2008《城镇道路工程施工与质量验收规范》CJJ1-2008		依据图纸设计要求
试样编号	所检项目	设计要求	实测值
20170525109-01	压实度（%）	≥95	96.9
20170525109-02	压实度（%）	≥95	98.6
20170525109-03	压实度（%）	≥95	96.9
20170525109-04	压实度（%）	≥95	95.1
20170525109-05	压实度（%）	≥95	98.6
20170525109-06	压实度（%）	≥95	98.6
20170525109-07	压实度（%）	≥95	95.7
20170525109-08	压实度（%）	≥95	96.9
20170525109-09	压实度（%）	≥95	98.1
			以下空白
检测结论	依据 JTG E60-2008 规程，所检项目符合设计要求。		
主要仪器设备名称及其编号	电子天平（49）、环刀		
备注	委 托 人：刘治桥　取 样 人：刘治桥（H41140060000064）　见 证 人：王华通（H41150050000146）　监理单位：重庆联盛建设项目管理有限公司		

批准　　　校核　苏亚峰　　　主检　何博飞

图 5.13-6　井周回填压实度试验检测报告

5.14　人（手）孔井盖

人（手）孔井盖设置在路面时，井盖应与路面高程齐平，允许偏差为 ±5 mm，设置在绿化带等非通行场所时，允许偏差不应大于 20 mm。采用销轴连接的人孔井盖座，安装时销轴宜与道路侧石平行，并设置在靠近侧石方向。人孔井筒内侧标注人孔编号，标识应易识别、准确、清楚。

图 5.14-1　人（手）孔井盖

图 5.14-2　人孔井筒内侧编号

5.15　管道试通

　　根据确定的管孔，采用穿线器试通检查，通信组群管道，多孔管每 5 个管孔抽试 1 孔，5 孔以下抽试 1/2；2 个管孔抽试 1 孔；单孔全试。

　　双壁波纹塑料管管道，应将靠包封加固的管孔全部试通，防止由于混凝土包封加固出现的塑料管变形而影响质量。

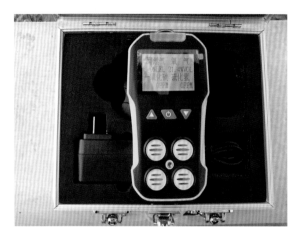

图 5.15-1　可燃有毒气体检测仪

图 5.15-2　管道试通井下环境安全监测

图 5.15-3　绿化带内管道试通

图 5.15-4　非机动车道上管道试通